地球百科

瑾蔚 编著

北方妇女儿童出版社

·长春·

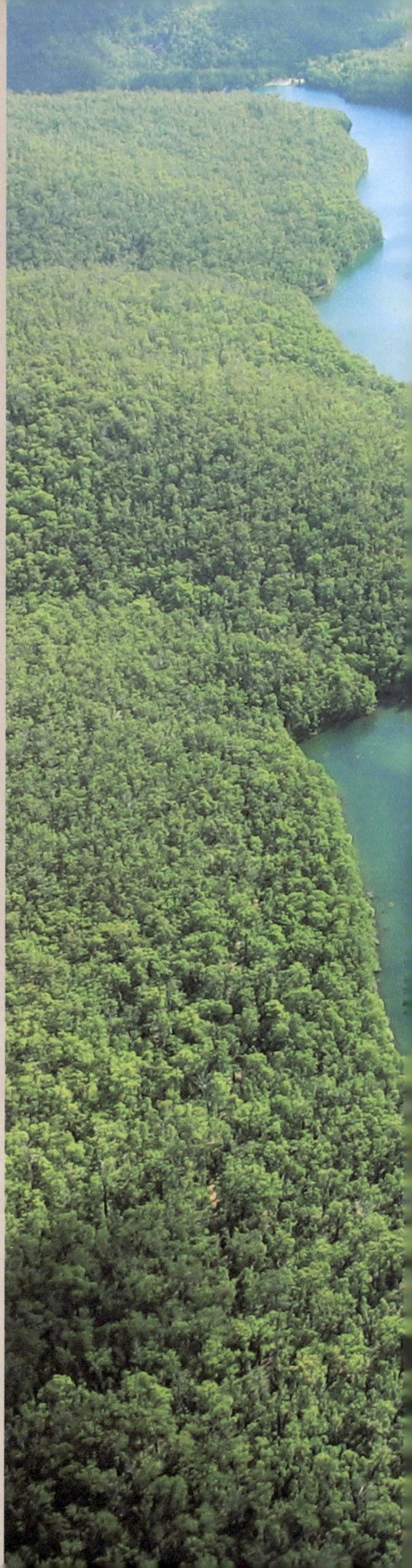

图书在版编目（CIP）数据

地球百科 / 瑾蔚编著. -- 长春：北方妇女儿童出
版社，2023.6（2024.6 重印）
（中国少年儿童大百科）
ISBN 978-7-5585-7377-4

Ⅰ.①地… Ⅱ.①瑾… Ⅲ.①地球—少儿读物 Ⅳ.
①Q915.864-49

中国国家版本馆 CIP 数据核字（2023）第 028931 号

地球百科
DIQIU BAIKE

出 版 人	师晓晖
策 划 人	陶　然
责任编辑	曲长军　庞婧媛
开　　本	889mm×1194mm　1/16
印　　张	14
字　　数	250 千字
版　　次	2023 年 6 月第 1 版
印　　次	2024 年 6 月第 2 次印刷
印　　刷	旭辉印务（天津）有限公司
出　　版	北方妇女儿童出版社
发　　行	北方妇女儿童出版社
地　　址	长春市福祉大路 5788 号
电　　话	总编办 0431-81629600
	发行科 0431-81629633

定　　价　88.00 元

foreword
前 言

　　在浩瀚的银河系，有一颗蔚蓝色的行星——地球。起初，地球只是混沌一片，后来经过四十多亿年的漫长演变，才终于成为一个资源丰富、物种繁多的美丽星球。自从人类诞生以来，探索地球奥秘的步伐就没有停止过。雄伟挺拔的山脉，蜿蜒曲折的河流，辽阔富饶的平原，星罗棋布的湖泊，一望无际的大海，这些都是地球上美丽的自然景观。风霜雨雪，四季交替，不断变化的气候让地球变得更加丰富多彩。地球是如何形成的？地球为什么会变成这个样子？这些谜题在人类探索的过程中不断地被揭开。

　　人类在探寻地球奥秘的同时，自身的科学技术也有了突飞猛进的发展。虽然使用这些技术为生活带来了便利，但滥用这些技术，却会对地球的自然环境造成极大的破坏。如何保护我们的地球家园，已成为当前人类面临的最重要课题。

　　这是一本极具吸引力的科普书籍，它用通俗易懂的文字、极具视觉冲击力的图片，向读者介绍了地球的概况、地形地貌、气候、地球上的大洲和水域、资源和灾害等，使读者更了解我们的地球家园。现在，就让我们一起探索地球的奥秘吧！

contents
目　录

天　气

山脉和峡谷

水　域

自然灾害

陆上岛屿

大　陆

　　大陆和大洲是构成地球上陆地的基本单位。在很久以前，地球上的陆地是连在一起的，后来由于地球内部的剧烈运动，就分割成了各个大陆和海洋。随着时间的推移，形成了现在的地表。

地球的形成

地球是所有生命共同的家园。几个世纪以来，人们一直在研究地球是如何形成的。在科学技术发达的今天，科学家告诉我们：大约在 46 亿年前，地球是由宇宙灰尘凝聚而成的。

▲ 早期的假说认为太阳系是由一团旋转的高温气体逐渐冷却凝固而成（想象图）

星云起源

18 世纪的时候，德国哲学家康德提出了星云起源假说，认为地球起源于一团宇宙星云。虽然这个假说有许多问题不能解释，但是却为人类思考地球起源指出了一条合理的道路。

正在形成中的地球

地球逐渐形成

地球是如何形成的

由于原始地球的地壳较薄，小天体又不断撞击，造成地球内部熔岩不断上涌，地震与火山喷发随处可见，在火山喷发的过程中，从地球内部升起云状的大气。到了距今 5 亿~25 亿年的元古代，地球上出现了大片相连的陆地，地球就形成了。

大气逐渐形成

▶ 地球的形成（想象图）　陆地逐渐形成

今天的地球

原始地球

大约在 46 亿年前，一团气体和尘埃不断地旋转、收缩，释放的能量使物质的温度升高，形成了一个炽热的"火球"，这就是最初的原始地球。

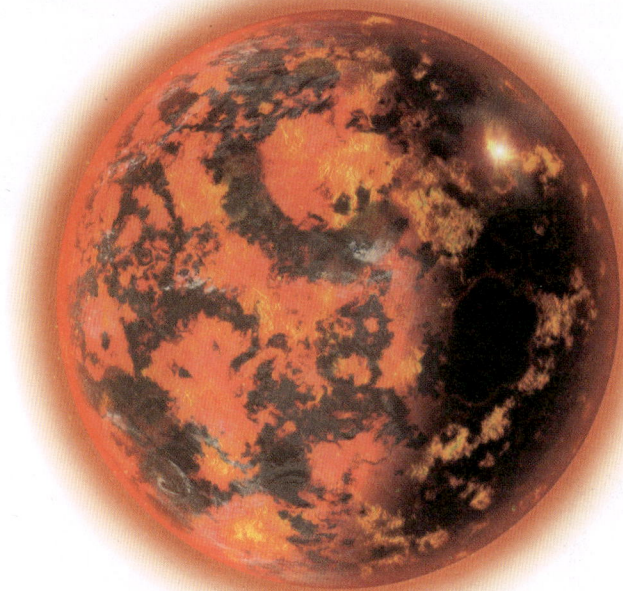

▲ 原始地球（想象图）

地球的形状

1622 年，葡萄牙航海家麦哲伦率领他的船队绕地球航行了一圈，用事实证明了地球是球形的；17 世纪末，牛顿在研究了自转对地球形态的影响后，明确提出地球是一个赤道略鼓、两极略扁的球体。

▲ "梨形地球"（示意图）

> **知识小笔记**
>
> 据科学家卡文·笛许的测算，地球的质量是 60 万亿亿吨。

蓝色的星球

地球常被称为"蓝色的星球"，这是因为地球表面 2/3 的面积都被海水覆盖着。当太阳光照射到海面上时，水分子把蓝色光反射出去，所以从太空中望去，地球是一个蓝色的星球。

▶ 地球其中约 29.2%（1.4894 亿平方千米）是陆地，其余 70.8%（3.61132 亿平方千米）是水

3

地球的年龄

地球已经是个 46 亿岁的老寿星了。相对于人的年龄来说，地球的年龄已经非常大了，但是和宇宙中其他成员相比，地球其实是一个正处在生命黄金期的"青年"。

化石的见证

地球上的各种动物经过漫长的自然选择，绝大多数物种都灭绝了，但有一些生物的遗体在特定的状态下被保留了下来，成为化石。化石可以帮助人们摆脱对地球年龄的错误认识。

▲ 三叶虫是最有代表性的远古动物，它生活在古生代的海洋中。因其背壳纵分为三部分，因此命名为三叶虫

▲ 化石是地球发展的见证者

盘古开天地

"盘古开天辟地"的神话里说，宇宙最初好像一个大鸡蛋，盘古在黑暗混沌的蛋中睡了 18000 年。一觉醒来，用斧劈开天地，又过了 18000 年，天地形成。这个传说很有趣，但是与地球的实际年龄相差甚远。

知识小笔记

地球是行星中唯一一颗表面存在液态水的星球，水是生命的源泉，所以地球是迄今为止唯一具有生命个体的行星。

▼ 盘古开天地

▼ 叠层石是由大量海藻形成的硬质圆形沉积物，是地球上最古老的生命形式之一

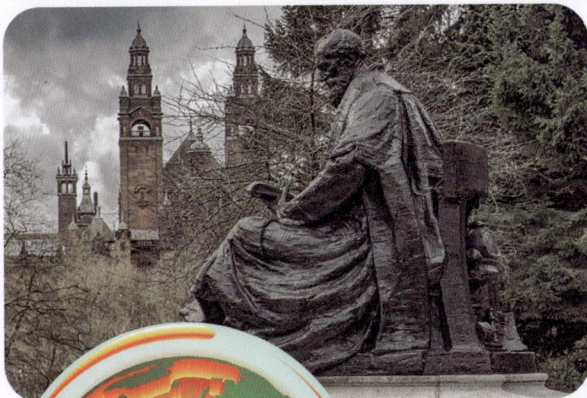

热量散发和地球年龄

英国著名的科学家开尔文曾利用地球热量的散发和温度求出地球的年龄，计算的结果表明地球的年龄不超过1亿年。这个结果显然太小了，很快就遭到人们的否定。

◀ 开尔文，英国物理学家、发明家。他对物理学的主要贡献在电磁学和热力学方面，是热力学的主要奠基者之一

▲ 地球热量的散发和地球温度（想象图）

岩石中的秘密

在地球的地壳上覆盖着非常厚实的岩层，这些岩层层层叠叠地覆盖在一起，就像一本日记本一样记录着地球过往的一切。现代科学家们通过科学的方法，对地壳岩层进行测定，终于推算出地球已经约有46亿年的历史了。

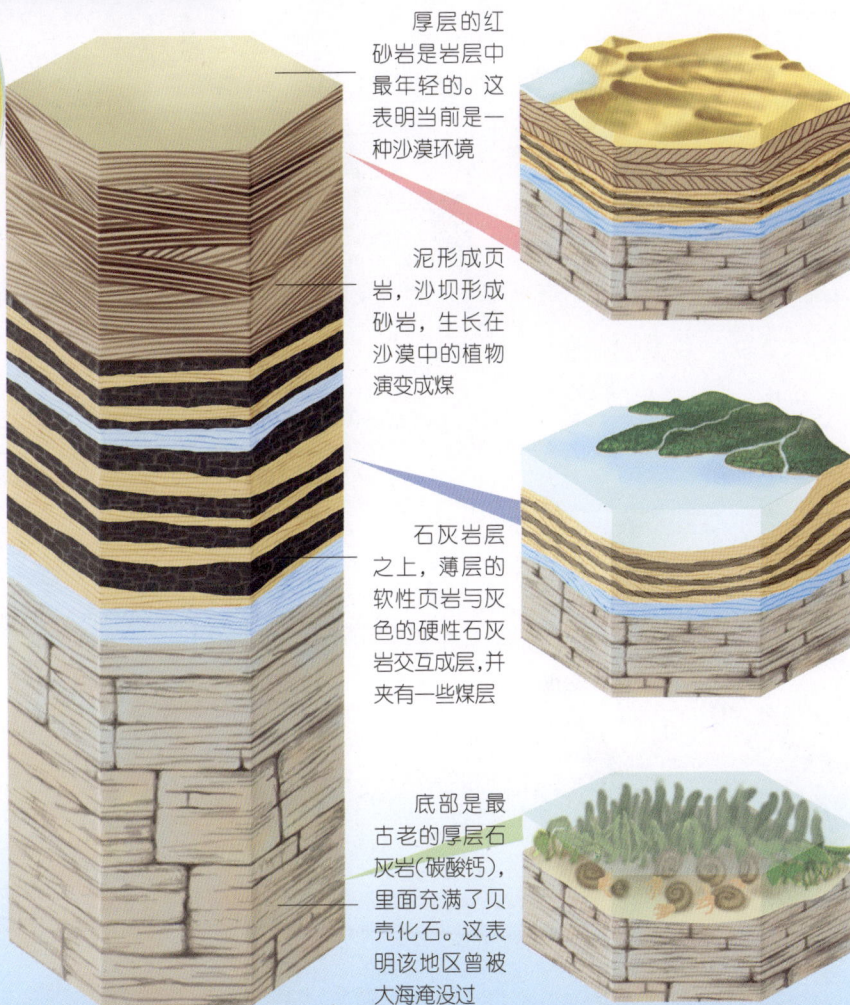

厚层的红砂岩是岩层中最年轻的。这表明当前是一种沙漠环境

泥形成页岩，沙坝形成砂岩，生长在沙漠中的植物演变成煤

石灰岩层之上，薄层的软性页岩与灰色的硬性石灰岩交互成层，并夹有一些煤层

底部是最古老的厚层石灰岩（碳酸钙），里面充满了贝壳化石。这表明该地区曾被大海淹没过

▲ 岩石序列可用于追溯某一地区的地质历史

地球内部构造

地球的内部状况我们无法直接观察。但是，科学家可以通过研究地震波、火山爆发来猜测地球内部的秘密。地球的外层是地壳，紧接着向里分别为地幔和地核，它们就像鸡蛋的蛋壳、蛋清和蛋黄。

地球的外壳

地球最外面的一层岩石薄壳称为地壳。高山、高原地区的地壳较厚，可以达65千米以上，平原、盆地的地壳相对薄，而深藏于海底的大洋地壳则远比大陆地壳薄，厚度可能只有6千米。

▶ 地壳：地球固体圈层的最外层，岩石圈的重要组成部分

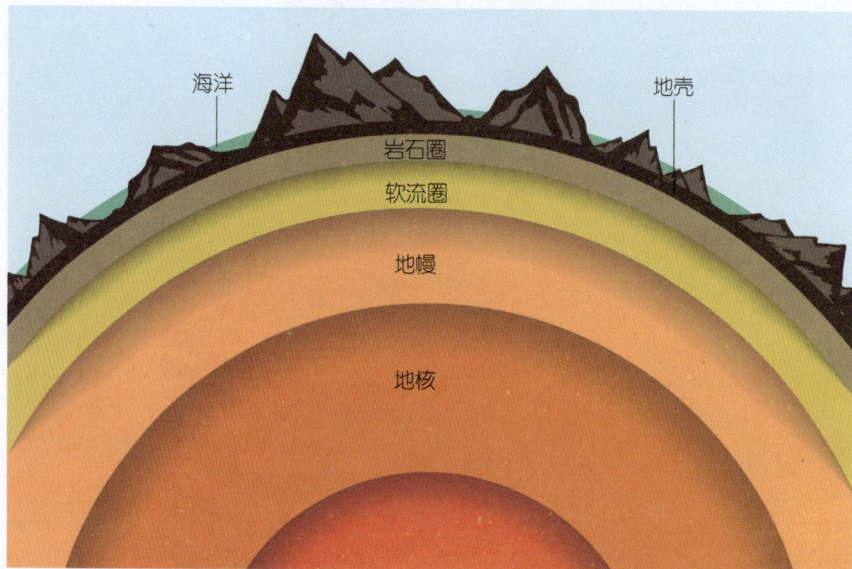

海洋　地壳
岩石圈
软流圈
地幔
地核

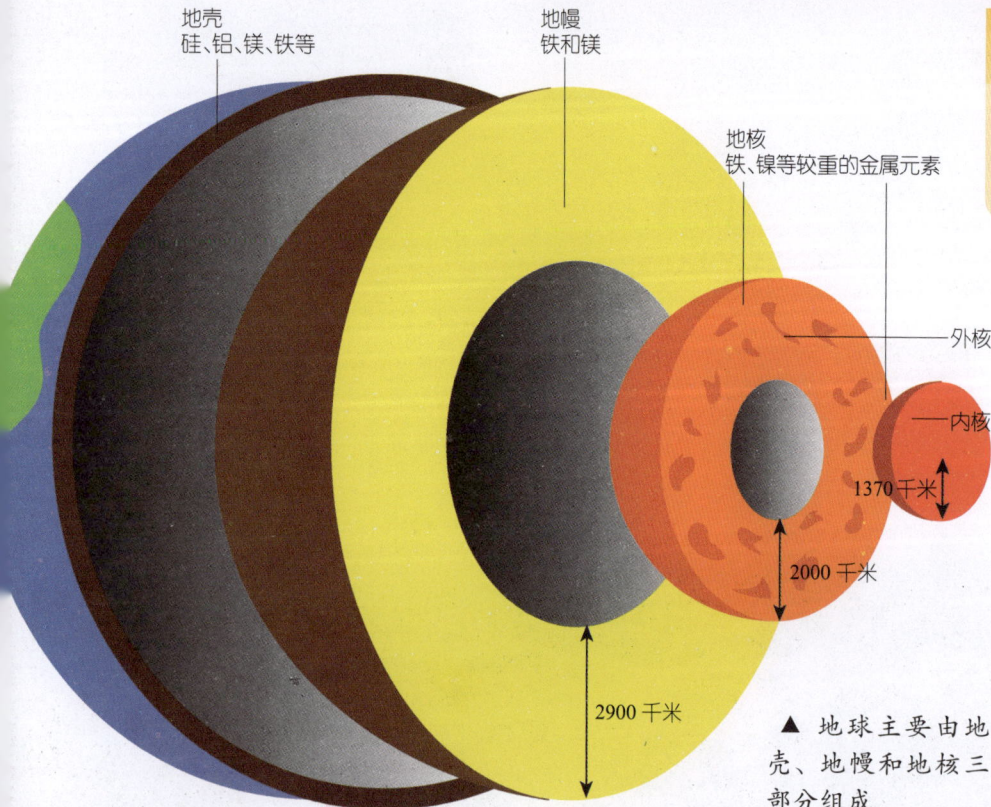

地壳
硅、铝、镁、铁等

地幔
铁和镁

地核
铁、镍等较重的金属元素

外核
内核
1370千米
2000千米
2900千米

▲ 地球主要由地壳、地幔和地核三部分组成

地球的构成元素

构成地球的元素是多种多样的。其中，地壳主要是由硅、铝、镁、铁等元素构成；地幔主要是由含铁和镁的元素构成；地核主要是由铁、镍等较重的金属元素构成。

地球的中间部分

地壳下面是地球的中间层，叫作"地幔"，厚度约 2900 千米，它是地球内部体积最大、质量最大的一层。地幔分上、下两层。上层岩石比较软，是地球岩浆的发源地，也称作"软流圈"，下层地幔由金属物质组成。

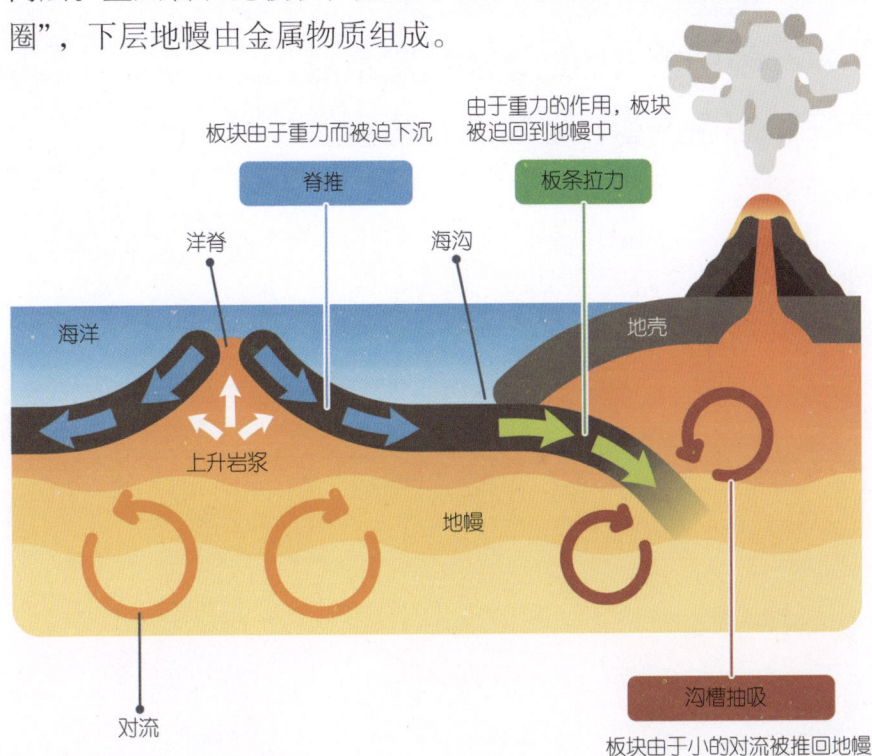

地幔对流

▲ 地幔对流与大洋中脊裂谷和大陆裂谷的形成，地表热点和火山现象密切相关

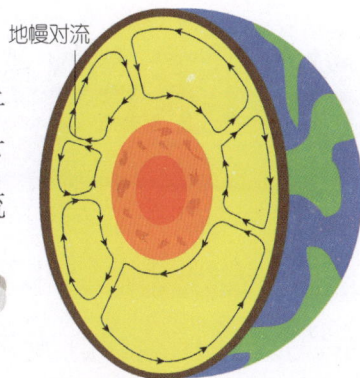

脊推
板块由于重力而被迫下沉

板条拉力
由于重力的作用，板块被迫回到地幔中

洋脊   海沟

海洋   地壳

上升岩浆

地幔

对流

沟槽抽吸
板块由于小的对流被推回地幔

地球的中心

地球的中心部分为地核，它又分为外核和内核。据推测，外核可能是液态物质，温度在 3700℃以上，而内核的温度可达到 4000~4500℃，因为它的压力极高，所以是固态物质。

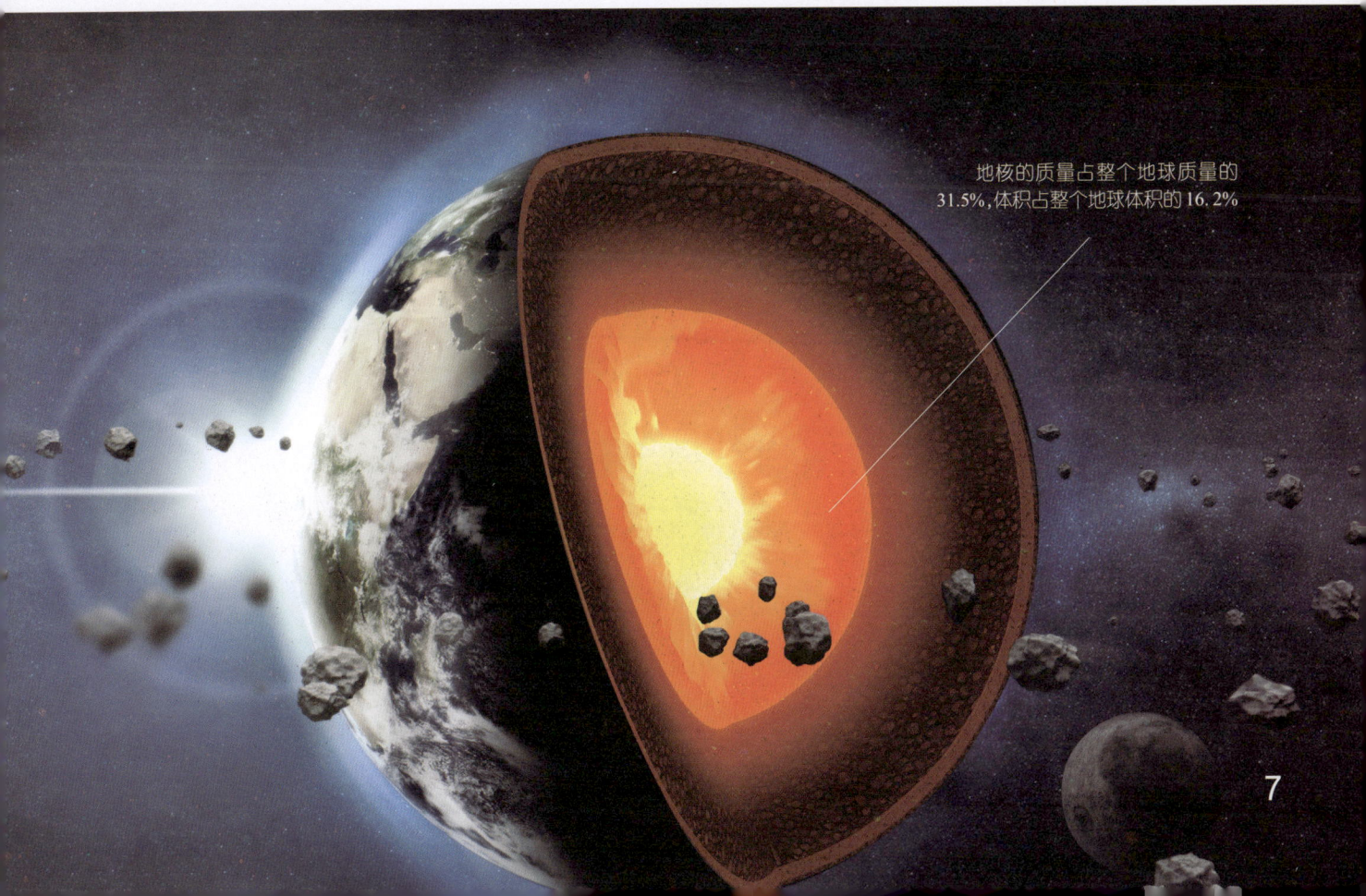

地核的质量占整个地球质量的 31.5%，体积占整个地球体积的 16.2%

地球的运转

地球每天都在运动着，它在围绕太阳公转的同时，仍不停地以地轴为中心自转，这两种转动是地球运动的基本形式。除此之外，地球的大气在不断地流动，地球表面的水也在流动，地球内部的地核也在运动。

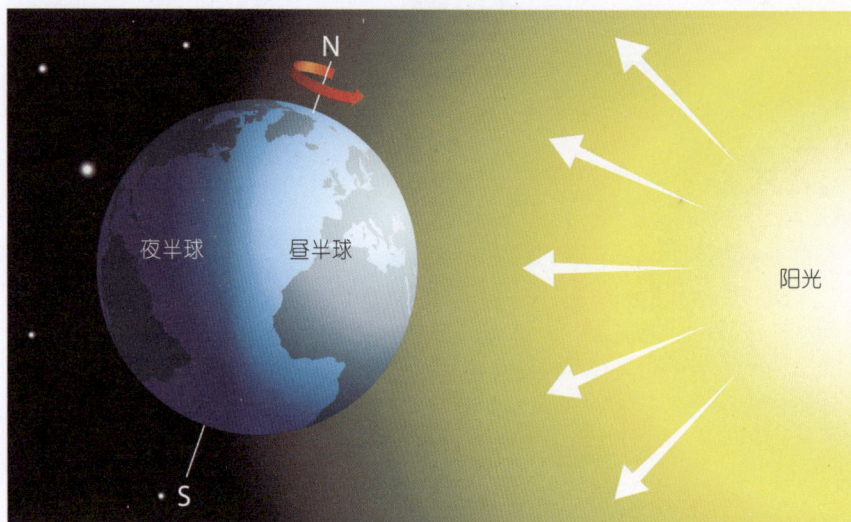

▲ 地球自转产生白昼与黑夜

地球的自转

地球不停地自西向东自转，自转一周需要 23 小时 56 分。地球自转的时候，面对太阳的一面是明亮的白昼，背对着太阳的另一面是黑夜。这样，地球上就有了不断交替的白昼与黑夜之分。

地球公转

地球围绕太阳公转，它的轨道是一个接近正圆的椭圆形。地球平均要用 365.2422 天的时间才能走完一圈，也就是 1 年的时间。

▶ 地球公转之中，地球离太阳的距离是不断变化的，时远时近

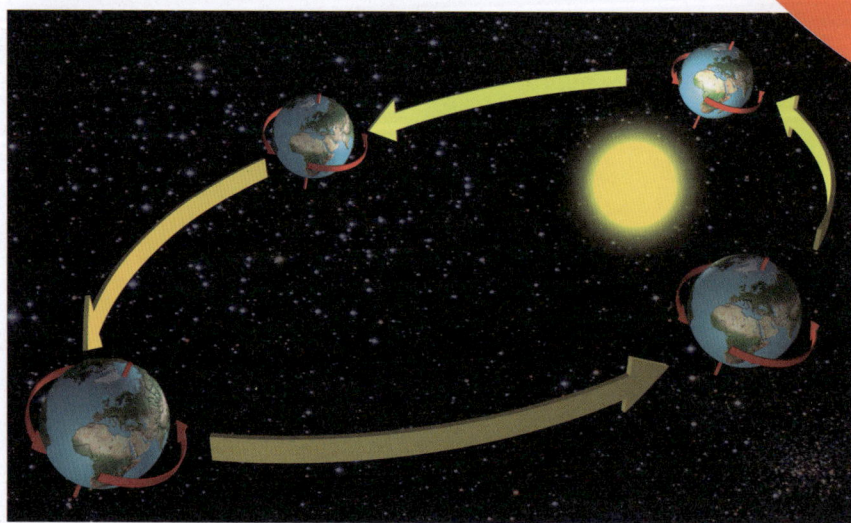

四季更替

地球公转的轨道面与地轴之间有 66°34′ 的夹角，在地球绕太阳旋转的过程中，北半球和南半球先后朝太阳倾斜，于是地球上出现了春夏秋冬四季更替的现象。

三月

四月

五月

六月

七月

八月

冬
秋

春
夏

▲ 四季更替

芒种

▲ 芒种节气在农耕上有着相当重要的意义，它指导着农事耕种

知识小笔记

地球有规律地旋转才有了白天、黑夜和四季的变化。

农历的出现

我国古代劳动人民根据天气和四季的变化规律，总结出了农历。农历的形成为我国的农业生产带来了便利，广大劳动人民可以根据农历合理安排一年中的农事，什么时候种植，什么时候收获，在农历上都能找到对应的时节。

地球磁场

地球就像一个大磁铁一样，它的周围充满了强大的磁场。地球的磁场就像地球的一件外套，保护地球免受太空各种致命的辐射，也可以使通信设备正常工作，避免来自太阳磁场的干扰。

▶ 经常在实验中见到的磁石

磁石

磁石是一种具有强磁性的矿物，它吸引铁或钢等物体。常见的磁石有两种：黄铁矿与磁铁矿，它们都是铁的化合物。

知识小笔记

太阳和其他星球都具有磁场，其中地球的磁场最强。

▼ 如果没有地磁场，太阳射线就会直接照到地球上，地球上所有生命都将无法生存

太阳

▼ 指南针是人类野外郊游、探险的好帮手

指南针的秘密

指南针是一根带有磁性的针，是用来辨别方向的。指南针最大的特点就是无论如何晃动，在静止时总是指着一个固定的南北方向，这是因为它受到了地磁场的作用。

地球百科

10

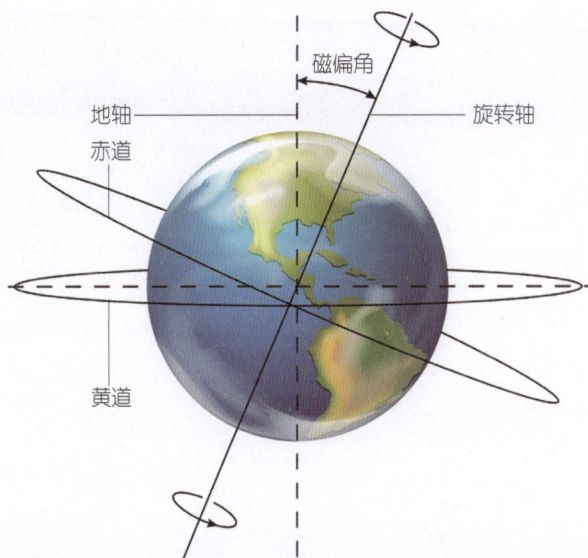

地轴
赤道
磁偏角
旋转轴
黄道

▲ 磁偏角示意图

磁偏角的发现

　　地磁两极和地理两极并不重合，它们的连线之间有一个夹角。所以，指南针所指的南北方向不是正南正北方向，而是存在着一定的偏角。我国北宋时期的科学家沈括最先准确记述了这一现象，在 400 多年后，欧洲的航海家才发现这个现象。

地磁场的南北极

　　和具有吸附力的磁铁一样，地磁场也具有南北极，不过地磁场的南北极和地理南北极正好相反。地磁北极在地理南极附近，地磁南极在地理北极附近。两极附近的地磁场最强，而远离极地的赤道附近的地磁场最弱。

▶　地球是一个被磁场包围的星球，它的周围存在着看不见的磁力场，这就是"地球磁场"

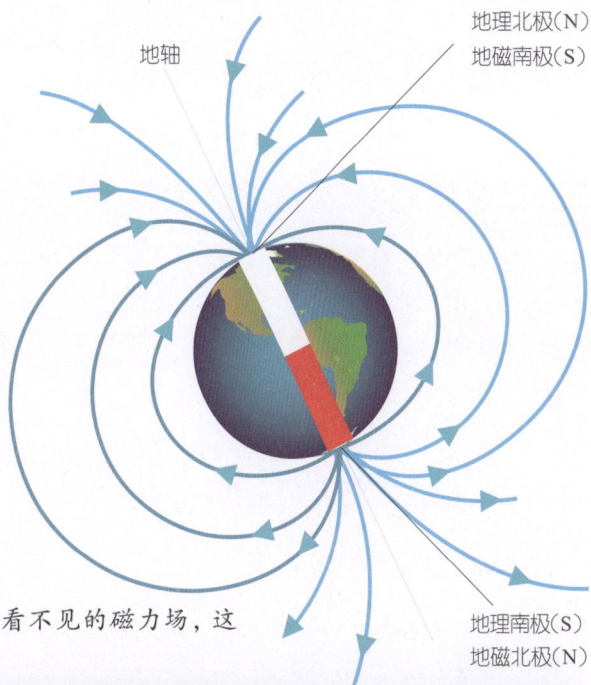

地轴
地理北极（N）
地磁南极（S）
地理南极（S）
地磁北极（N）

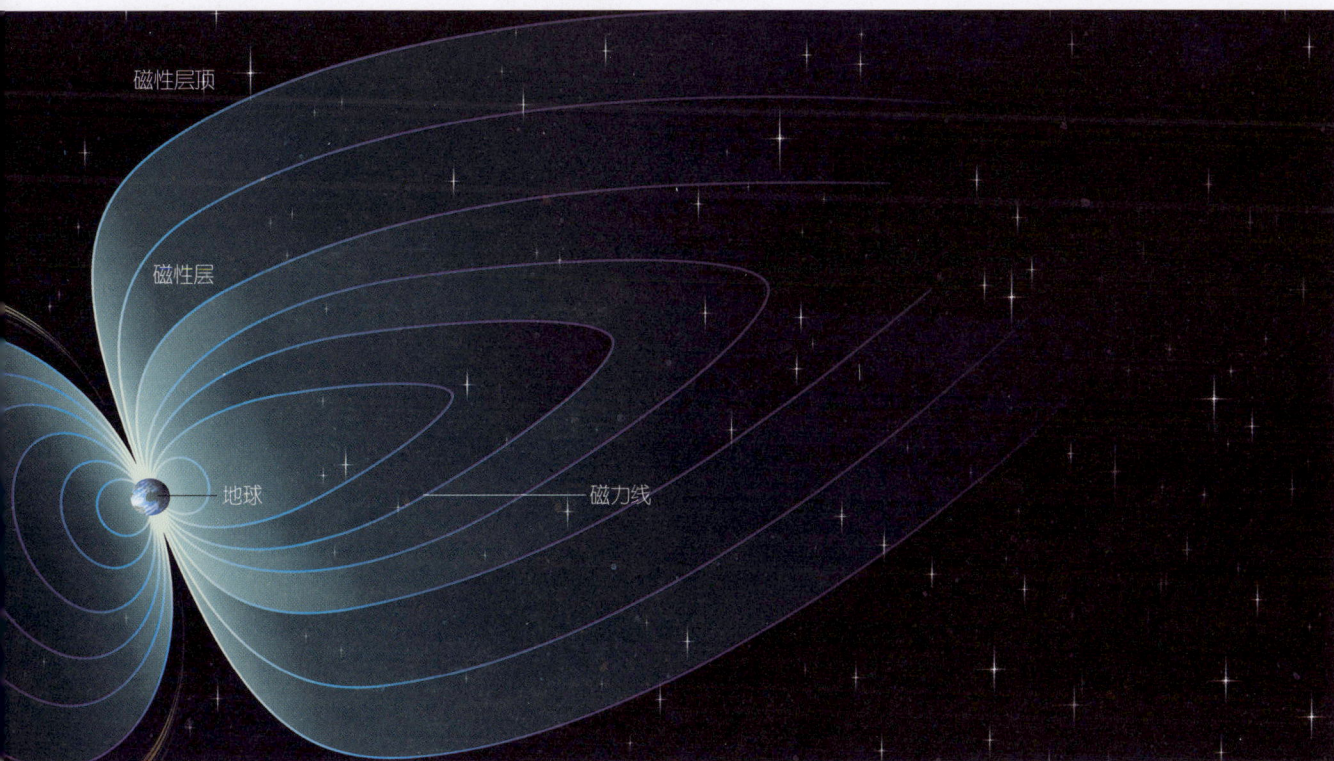

磁性层顶
磁性层
地球
磁力线

地球的近邻

宇宙中的星球多得难以计数，但有一个星球却是我们人类最熟悉不过的，那就是月球。在地球之外众多的星球中，月球是我们最熟悉的一个星球，它也是地球唯一的天然卫星。

死寂的星球

月球虽然离地球很近，但从外表上看却与地球截然相反。月球上既没有空气也没有水，因此不会产生风、云、雨、雪等气象现象。由于没有空气，月球的气温变化非常明显。这种环境非常不适宜生命存在，所以月球到现在还是一片死寂。

▶ 月球是地球唯一的天然卫星，并且是太阳系中第五大的卫星

▼ 月球表面

知识小笔记

登月是人类利用自身开发的航天器将宇航员送上月球的伟大壮举。1969年7月20日，美国"阿波罗11号"宇宙飞船载着3名宇航员成功登上月球，实现了人类千百年来的梦想。

月球表面

月球的地形和地球类似，也有高山和幽谷。在月球上有成千上万个环形山，以及幽深狭长的月谷，还有像戈壁一样的大平原。神话传说中久居月宫的嫦娥、吴刚和桂树，其实都只是月球上大小不一的低洼平原而已。

昼夜温差大

由于月球上没有大气层可以保温，也没有海洋对温度进行调节，所以月球表面上的温差特别大，白天可达127℃，夜间则降到−185℃左右，在一天之内会有两种截然相反的温度。

▶ 测量表明，月面土壤中较深处的温度很少变化，这正是由于月面物质导热率低造成的

"月有阴晴圆缺"

月亮在绕着地球公转时，它和地球、太阳的相对位置也在不断地变化，当月球被太阳照亮的半面以不同的角度对着地球时，在地球上的人就会看到不同的月相，因此月亮总会呈现出圆缺的变化。

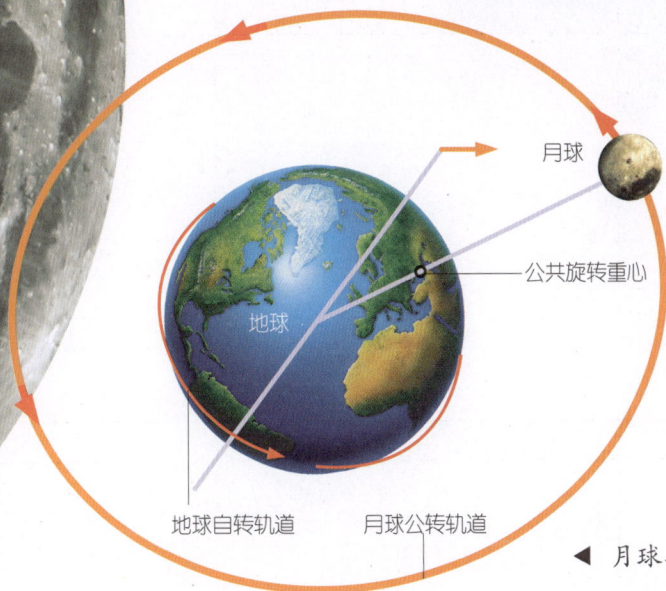

月球

公共旋转重心

地球

地球自转轨道   月球公转轨道

◀ 月球公转示意图

变化的月相

从初一到十五，月亮会呈现出不同的月相，有时会呈现出娥眉般的"娥眉月"；有时又会如弓上弦，出现"弦月"；有时还会出现亮如明镜的"满月"。月亮的这种盈亏变化就是月相，月相的变化遵循着从新月到满月又到新月的循环规律。

▲ 月球亮度随日月间距离和地月间距离的改变而变化，满月时的亮度比上下弦要大十多倍

生命的演化

生命起源于地球。早期的地球是一个没有生命的世界，经过漫长的演化，逐渐形成了适合生命物质诞生的环境。在漫长的历史进程中，生物经历了从简单到复杂、由低等到高等、由水生到陆生的逐步进化。

地质年代

地壳上不同时期的岩石和地层，在形成过程中的时间和顺序称为地质年代。地质学家和古生物学家根据地层自然形成的先后顺序，将地层分为五代十二纪，五代指的是太古代、元古代、古生代、中生代、新生代。

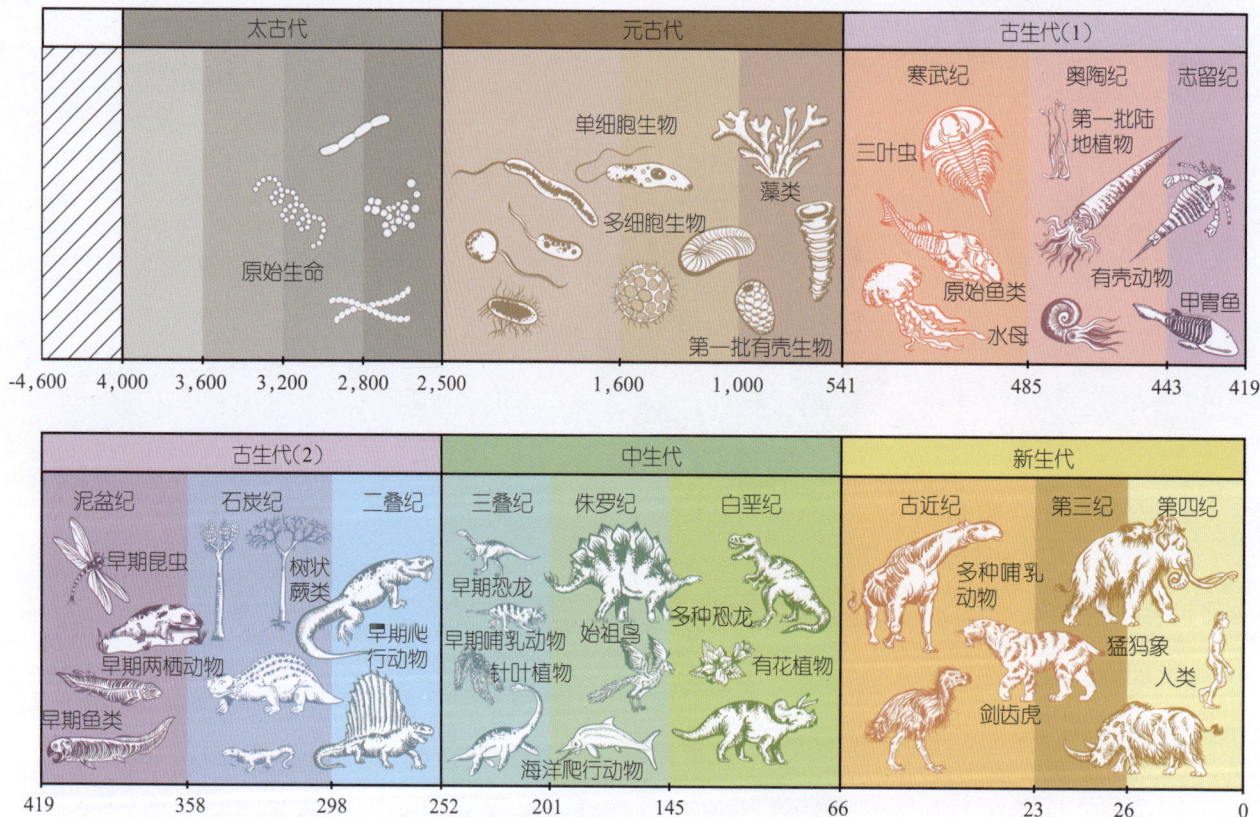

▲ 地质年代和生物发展阶段

进化论

达尔文是揭示生命起源的英国自然科学家，他的《物种起源》最早解释了生物的进化现象。

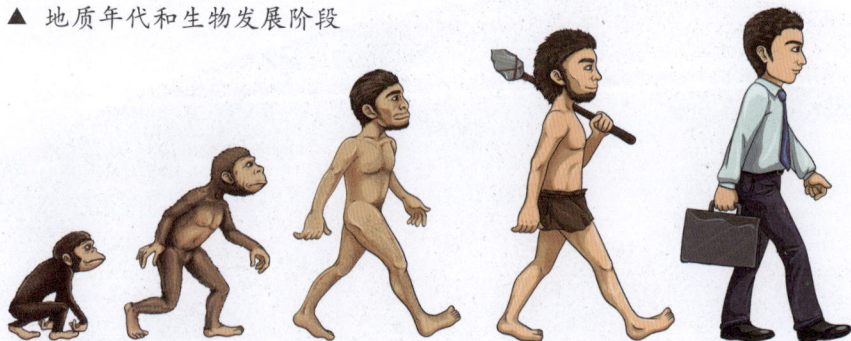

◀ 达尔文的进化论

▲ 苔藓植物

▲ 蕨类植物

▲ 裸子植物

▲ 被子植物

植物

　　植物是人类和其他生物生存的基础。它们能通过光合作用，把无机物转化成有机物，供给能量。植物主要分为苔藓植物、蕨类植物、裸子植物和被子植物。

动物

　　动物是自然界最重要的物种，分为无脊椎动物和脊椎动物。无脊椎动物的身体没有脊椎骨，常见的有软体动物和节肢动物；脊椎动物的身体里有脊椎骨，可分为六大类：鸟类、鱼类、圆口类、两栖类、爬行类和哺乳类。

▶ 动物是生物的一个主要类群

note 知识小笔记

　　地球上最早的生命出现在 45 亿年前，是像细菌一样的东西，它只有一个细胞，今天地球上所有的动植物都是由细胞组成的。

食物链

　　为了生存，自然界的各种动物相互为食，形成被摄食者与摄食者的营养关系，这种营养关系被称为食物链。自然界的动植物，从低等到高等，组成了一个平衡的食物链，对维护大自然的生态平衡起到了巨大的作用。

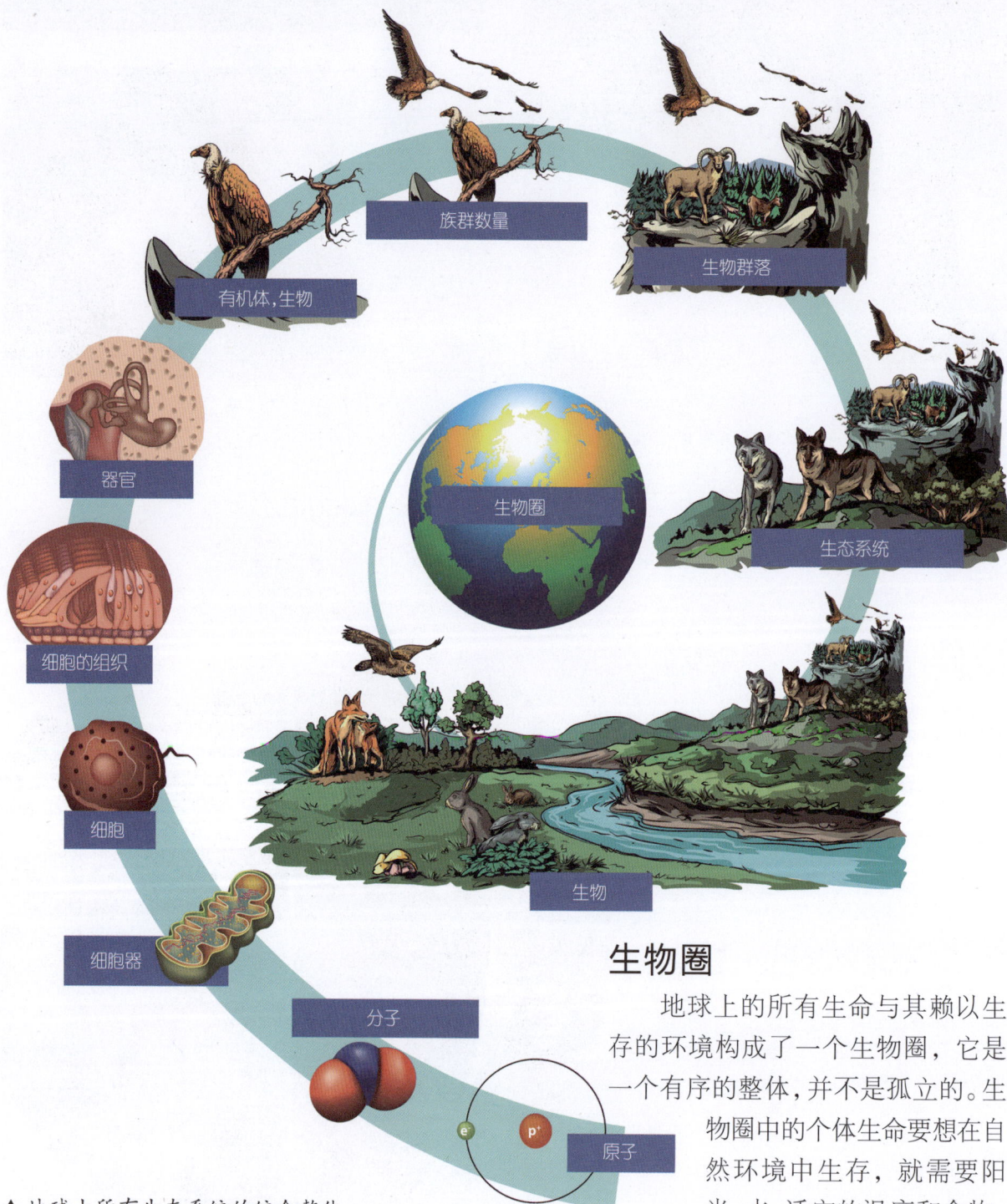

族群数量

生物群落

有机体,生物

器官

生态系统

细胞的组织

生物圈

细胞

细胞器

生物

分子

生物圈

　　地球上的所有生命与其赖以生存的环境构成了一个生物圈，它是一个有序的整体，并不是孤立的。生物圈中的个体生命要想在自然环境中生存，就需要阳光、水、适宜的温度和食物。

原子

▲ 地球上所有生态系统的统合整体

生态平衡

生态系统时刻不停地进行着能量交换和物质循环，它是一个动态系统，总是处于相对的平衡。打破其中的任意一个环节，都会造成严重的连锁性后果。

▶ 生态平衡是人类生存的基本条件

生物群落

生物群落是指在某一地区内的植物、动物和微生物相互结合，彼此靠一种关系相维系，形成有规律的群体。

▲ 水边生物群落

食物链金字塔

生态系统中各种生物数量按照能量流的方向沿食物链递减，在最基层的绿色植物的数量最多，其次是以植物为食的动物，再次为各级食肉动物，顶级的生物数量最少，这样就会形成一个生态金字塔。

▶ 食物链金字塔

知识小笔记

食物链中的生物种类可以分为生产者、消费者和分解者。

顶级消费者

三级消费者

二级消费者

初级消费者

分解者

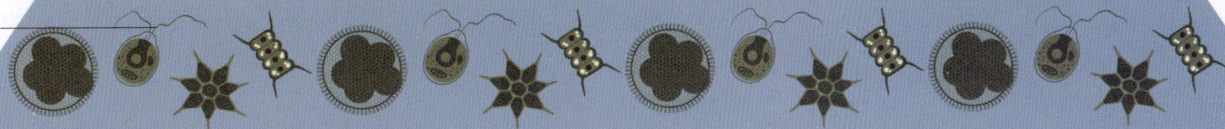

17

大陆在漂移

据推测，在大约 2.5 亿年以前，地球上所有的大陆都是连在一起的。随着地球的变化，这些连在一起的大陆逐渐分裂、漂移到了今天的位置，形成了如今的大陆和大洋。

陆地的基本单位

地球表面的海洋互相连接，形成一个不间断的水面，把地球上的陆地划分为几个大板块和无数的小块。人们通常把海洋和陆地区分为几大部分，最大的陆地单位有两个，一个是"大陆"，另一个是"洲"。

地球上的陆地

2 亿年前

地球上的六个大陆

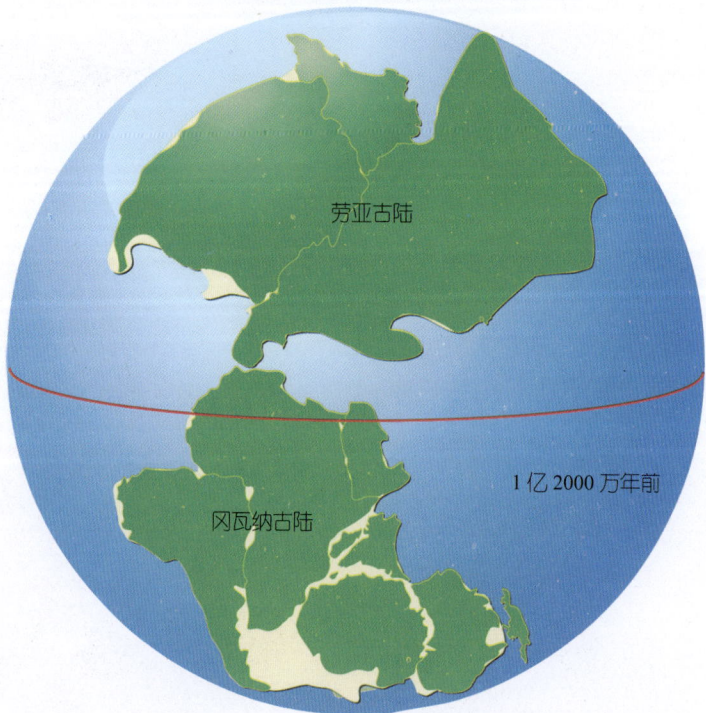

地球上共有六个大陆，它们分别是欧亚大陆、非洲大陆、北美洲大陆、南美洲大陆、南极洲大陆和大洋洲大陆。其中，欧亚大陆是欧洲和亚洲的合称。

北美洲大陆

欧亚大陆

非洲大陆

南美洲大陆

大洋洲大陆

南极洲大陆

▲ 地球上的六个大陆

劳亚古陆

冈瓦纳古陆

1 亿 2000 万年前

板块的移动

构成地表岩石圈的是六大板块，它们是太平洋板块、亚欧板块、印度洋板块、非洲板块、美洲板块和南极洲板块。这些板块都在不断地运动，并相互挤压和碰撞，这些运动使地球的面貌不断发生变化。

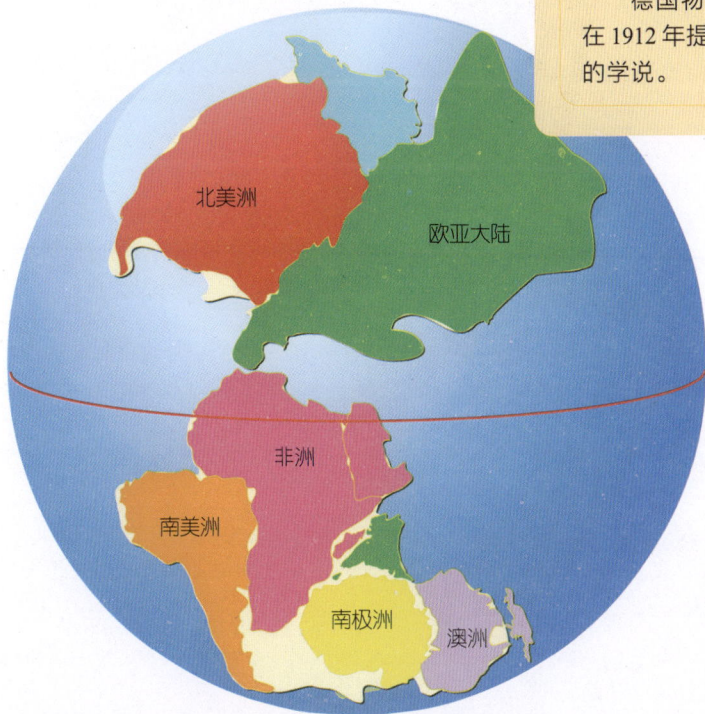

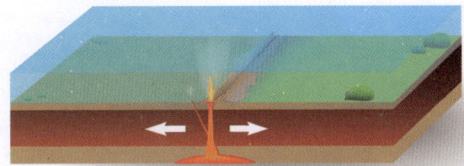

分界板块边界

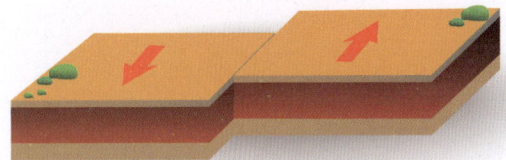

变换板块边界

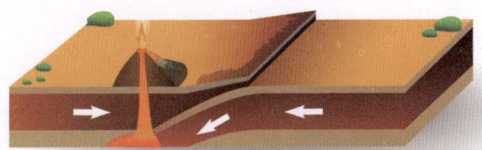

会聚板块边界

▲ 板块运动

知识小笔记

德国物理学家魏格纳在1912年提出了大陆漂移的学说。

大陆和洲的区别

大陆一般指整个大陆板块本身，并且是与大洋相对而言的，四面完全或几乎被大洋所包围；而洲是以大陆为基础划分的，并且习惯上把大陆附近的各个岛屿都囊括其中。

19

极 地

极地是指南极和北极，它们分别是地球南北的两个端点，这里的气候、环境十分恶劣，但这里也有着丰富的资源。极地对地球环境有重要的影响，所以人类不断地对这片土地进行探索。

▲ 极光多半发生在离地面约 100 千米的热层，一般呈带状、弧状、幕状或放射状，闪烁着绿、红、橙红等颜色的光芒，非常壮观

南极

南极是指地球最南端的顶点附近的一片区域，它所在的南极洲是全球最冷的大陆。南极是一个被冰雪覆盖的世界，是可爱的企鹅生存的家园，南极附近的海洋里则有着丰富的海洋生物和矿产资源。

◀ 企鹅

▼ 北极熊

北极

北极是指地球最北端顶点及其附近的一片区域。和南极不同的是，北极地区有着大片的水域，正是因为这个原因，北极的温度比南极暖和一些，许多生物可以在这里生存，比如北极熊、海豹等。

极光

有时候在极地的上空会出现一些彩色的光,这就是极光,它是由太阳吹出的微粒撞击地球空气产生的。在北极的叫北极光,在南极的叫南极光。

极昼和极夜

极昼和极夜是极地特有的自然现象。极昼时,太阳整天不下山;极夜时,一整天全是黑夜。南极和北极的极昼与极夜的出现是相反的,南极出现极昼的时候,北极是极夜,反之也一样。

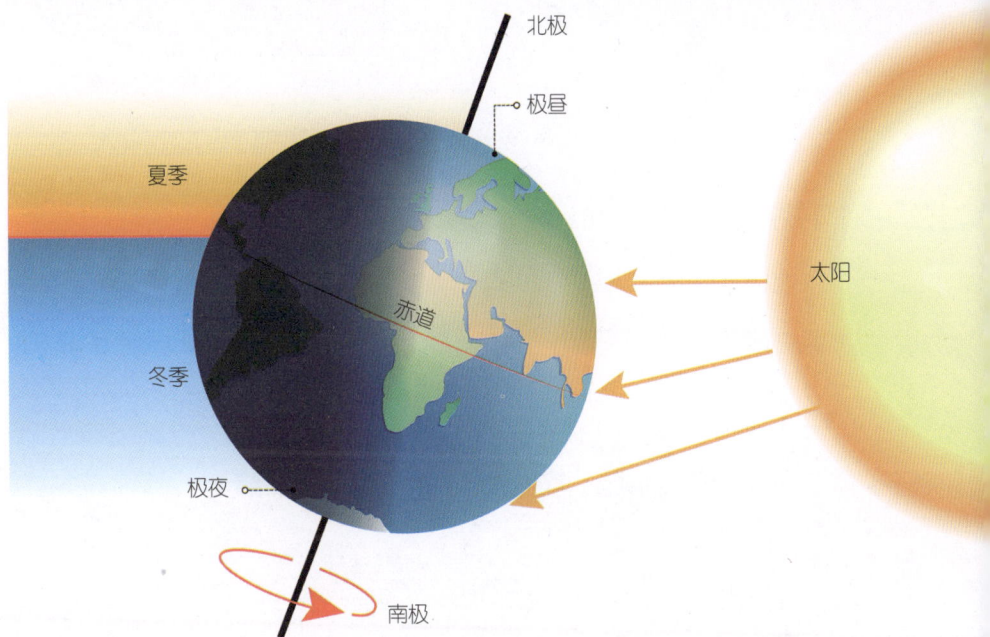

北极

极昼

夏季

赤道

太阳

冬季

极夜

南极

▶ 极昼和极夜现象示意图

格陵兰岛

格陵兰岛是世界上最大的岛屿,位于北美洲东北部,北冰洋和大西洋之间。全岛大约 80%的面积都在北极圈以内,被厚厚的冰层覆盖,岛上耸立着少数山峰,居民主要是分布在西部和西南部的因纽特人。

▲ 格陵兰岛的春秋冬(左)和夏季(右)

褶皱和断层

褶皱和断层都是常见的地质构造。岩石之间因为受到挤压而形成的弯曲变形就是褶皱；地壳岩层因为受到过大的力挤压而发生破裂，并沿破裂面有明显相对移动的构造就是断层。

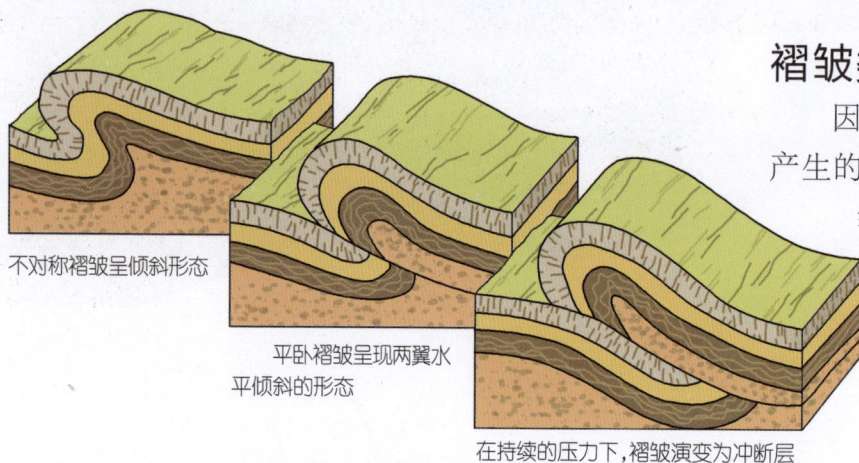

不对称褶皱呈倾斜形态

平卧褶皱呈现两翼水平倾斜的形态

在持续的压力下，褶皱演变为冲断层

▲ 褶皱类型示意图

褶皱类型

因为岩层所受的力不同，所产生的弯曲变形也不同，因此褶皱的形态变化多端。一个褶皱会从单斜褶皱变为不对称褶皱，然后再变成倒转褶皱，最后变为平伏褶皱；一系列重复褶皱还会产生更多平等的褶皱，叫作等斜褶皱。

褶皱产生的山脉

世界上许多山脉都是由于板块挤压产生的，它们叫作褶皱山，喜马拉雅山就是其中一个。因为印澳板块和亚欧板块互相推挤，喜马拉雅山就处在两大板块交界处，因此形成褶皱山。

▼ 喜马拉雅山脉是一座褶皱山

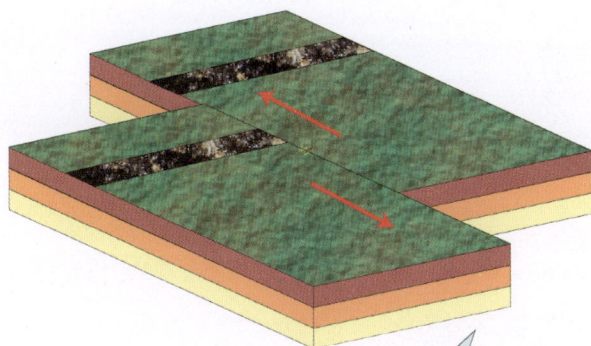

▲ 平移断层

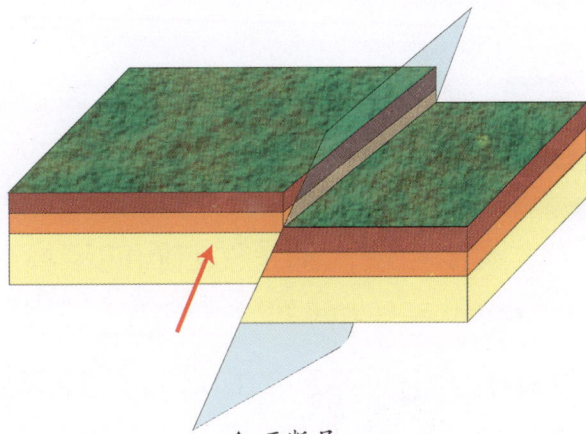

▲ 正断层

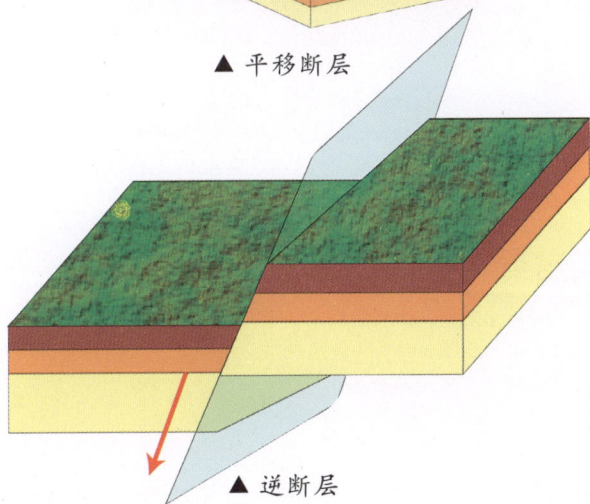

▲ 逆断层

断层的类型

　　断层有三种类型：平移断层、正断层和逆断层。平移断层又叫横断层或走向断层，它是断层沿着断层面按水平方向的左右移动；正断层又叫倾向滑动断层，它是指沿着断面的倾斜角顺势下滑移动的断层；逆断层是岩块上滑高出另一岩块的断层，跟正断层相对。

断层的特点

　　断层的大小不一，小的不足1米，大到数百、上千千米。虽然断层大小不一，但它们的共同点都是破坏了岩层的连续性和完整性，在断层带上的岩石往往十分破碎，易被风化侵蚀；沿断层线常常形成沟谷，有时出现泉或湖泊。

▼ 圣安德烈斯断层存在的时间已经超过两千万年

▶ 断层形成湖泊

大陆

风化和侵蚀

风化和侵蚀都是对岩石的破坏作用。风化是在静态下比较缓慢地进行的，短时间内不易被人们觉察，而侵蚀是在较为明显的动力作用下进行的。两种作用时刻都在进行，导致地球表面也一直在变化着。

风化

裸露的岩石由于各种气候条件，如风、雨、冷、暖的变化，在这些气候因素的侵蚀下，岩石就会碎裂。最终，大的岩石变成了石块，又过了很长时间，变成了我们常见的沙砾和泥土。

侵蚀

侵蚀作用是指各种外力对地表的破坏并掀起地表物质的作用过程，如河流侵蚀、风力侵蚀、冰川侵蚀、海浪侵蚀和溶蚀作用等。其中以河流、沟谷的侵蚀作用最为明显。

▲ 风化使岩石变得碎裂

▼ 海浪侵蚀示意图

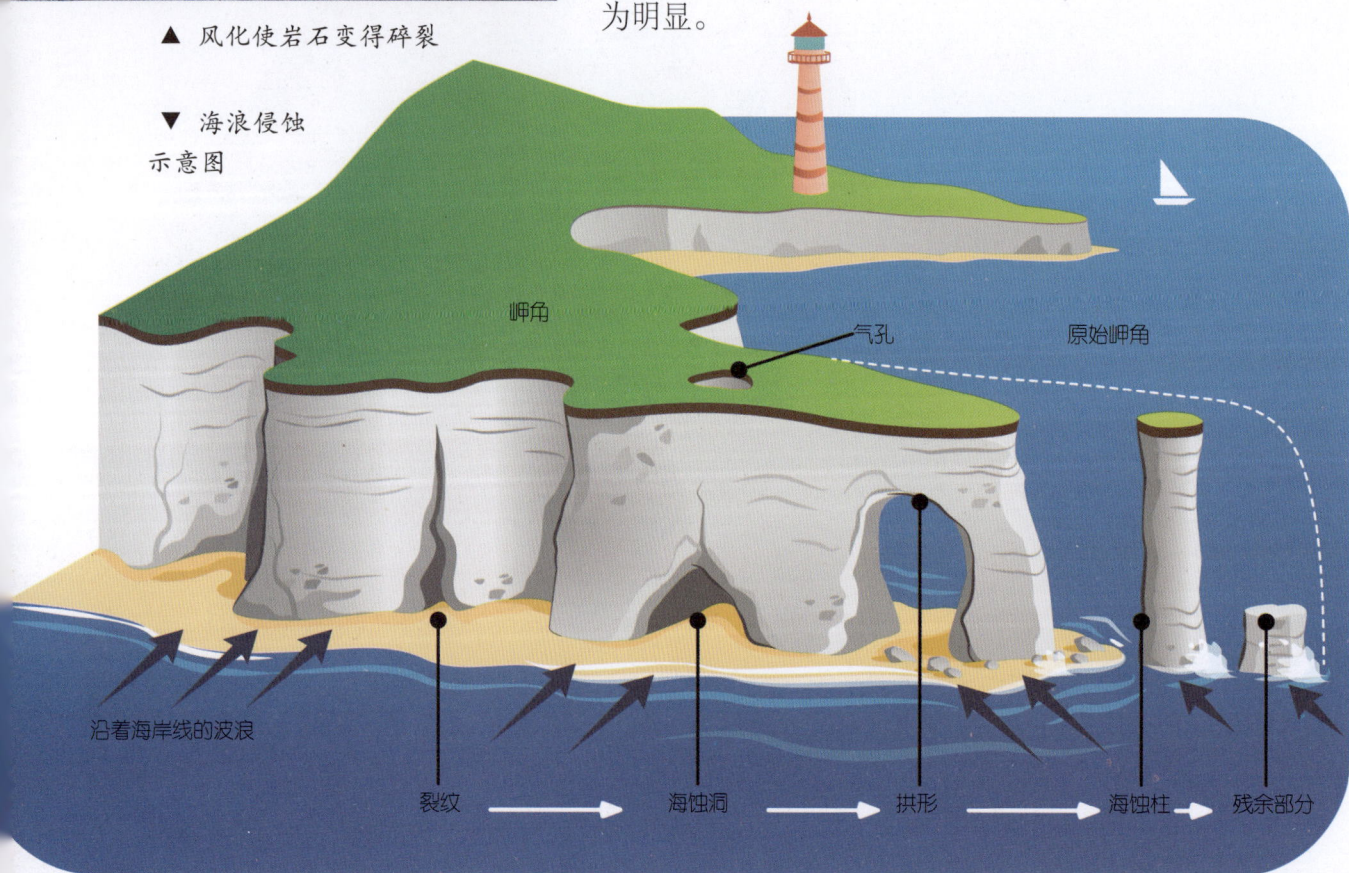

岬角

气孔

原始岬角

沿着海岸线的波浪

裂纹 ➡ 海蚀洞 ➡ 拱形 ➡ 海蚀柱 ➡ 残余部分

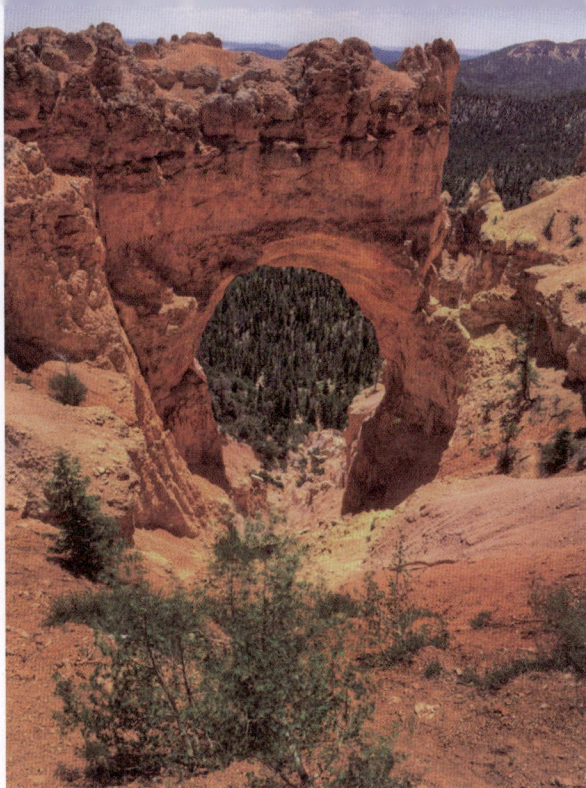

▲ 布赖斯峡谷的岩石受风霜雨雪侵蚀呈现出红、淡红、黄、淡黄等颜色

多样的地貌

　　风、雨、流水等气候因素长年累月侵蚀着山、高原，形成了多样的地貌。丘陵就是它们鬼斧神工的杰作，我国的桂林山水和云南石林都属于丘陵。

▲ 风蚀形成的蘑菇石

沙漠风

　　沙漠风属于风力侵蚀，沙漠里没有可以充足地固定土壤的植被和水分。所以，夹带着沙粒的风很容易把松散的沙刮起来，一起卷到沙暴之中。受风沙撞击的岩石也会磨蚀成沙，从而更增强了风的侵蚀力。

note 知识小笔记

　　蘑菇石的形成就是风化和侵蚀的共同结果。

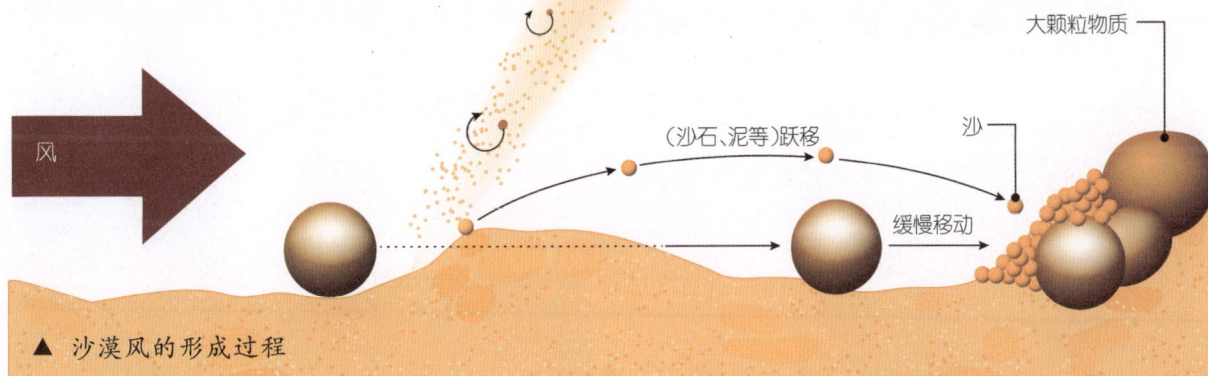

悬浮

沙尘

风

(沙石、泥等)跃移

缓慢移动

大颗粒物质

沙

▲ 沙漠风的形成过程

雅丹地形

　　在中国的维吾尔语中"雅丹"是"陡壁的小丘"的意思，新疆孔雀河下游雅丹地区就是这种典型的风蚀地貌。夹沙气流磨蚀地面，使地面出现风蚀沟槽。磨蚀作用进一步发展，沟槽扩展成了风蚀洼地，洼地之间的地面相对高起，成为风蚀土墩。

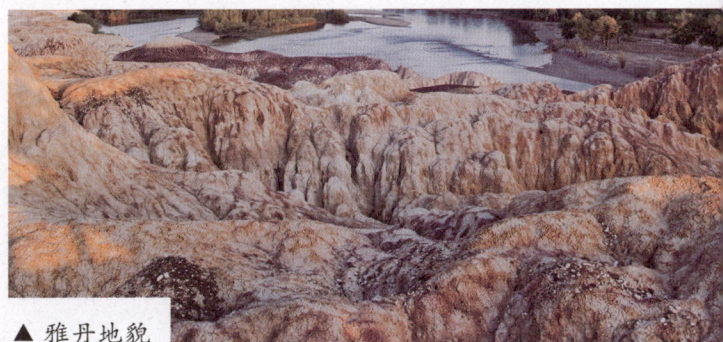

▲ 雅丹地貌

25

土　壤

地球上最初是没有土壤的，到处都是岩石。这些岩石经长期的风吹日晒，水气侵蚀，渐渐开始破裂，形成沙土。随着地质结构的变动和生物体的改造，最后就变成了今天的土壤。

土壤的成分

土壤由固体颗粒、土壤溶液和土壤空气三部分组成。固体颗粒构成了有大小孔隙的土壤结构，土壤水分占据土壤的中、小孔隙，土壤空气则占据土壤中的大孔隙。

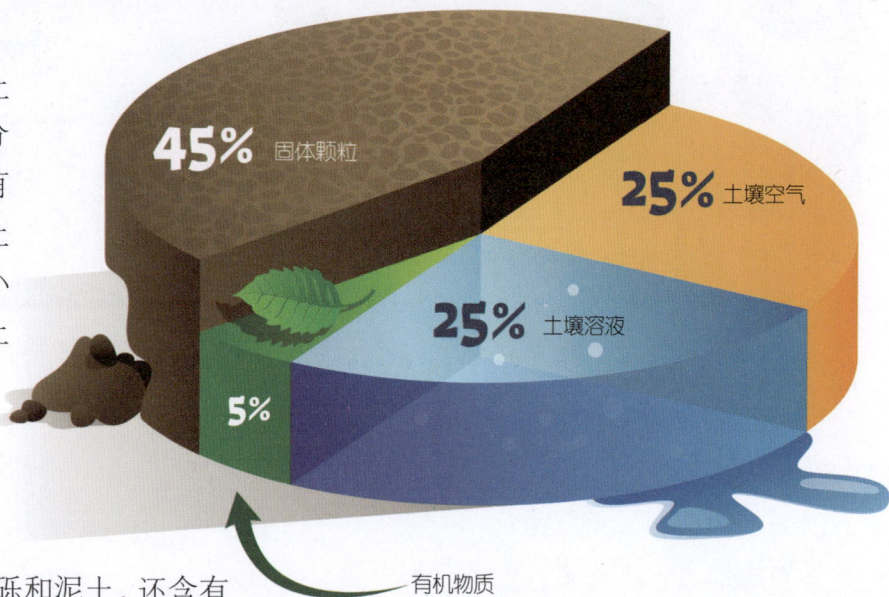

45% 固体颗粒
25% 土壤空气
25% 土壤溶液
5%
有机物质

▲ 土壤的成分示意图

土壤里的生命

土壤里并不是只有沙砾和泥土，还含有许多种类的生物，像细菌、藻类、节肢动物和一些冬眠的动物。蚯蚓在土壤里发挥了重要作用，它的蠕动能让土壤吸取更多的空气，从而增强土壤的肥力。

note 知识小笔记

东北平原的黑土是我国最肥沃的土壤。

▲ 土壤里的各种小生命

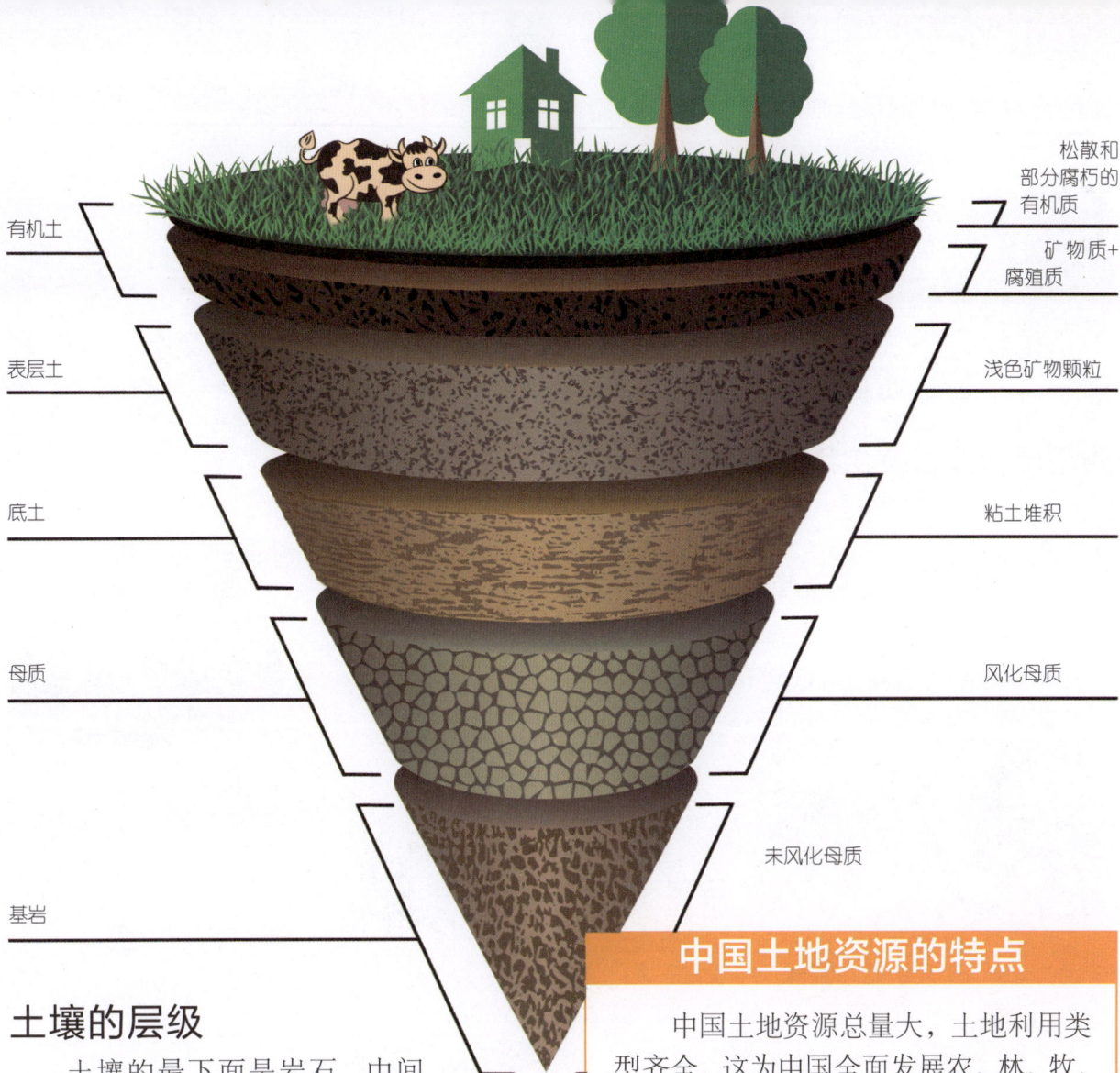

有机土 — 松散和部分腐朽的有机质

矿物质+腐殖质

表层土 — 浅色矿物颗粒

底土 — 粘土堆积

母质 — 风化母质

基岩 — 未风化母质

土壤的层级

土壤的最下面是岩石，中间是各种物质的沉淀层，最上面就是我们常见的土壤。这种层级结构有利于提高土壤的肥力，从而更加适合植物的生长。

▼ 土壤污染也是土地资源利用面临的一个重大问题

中国土地资源的特点

中国土地资源总量大，土地利用类型齐全，这为中国全面发展农、林、牧、副、渔业提供了有利条件。但中国人均土地资源占有量小，而且各类土地所占的比例不尽合理，主要是耕地、林地少，难利用土地多，后备土地资源不足，这些都是中国土地资源利用面临的突出问题。

▶ 耕地是人类赖以生存的基础和保障

土壤污染

人类的生产活动致使一部分污染物进入土壤，积累到相当数量时就会引起土壤质量恶化。土壤的污染物主要来自工业和城市废水、固体废弃物、农药和化肥、牲畜排泄物、生物残体及大气沉降物等。

矿　物

　　矿物是组成矿石和岩石的基本单位。地球上已发现的矿物有 3000 多种，其中常见的有几十种，如滑石、石英、金刚石等。它们不仅应用于工业领域，在日常生活中也是随处可见。

石棉

　　石棉的外表看起来很像麻，表面带有丝绢一般的光泽，可以用来搓绳、织布。石棉在我们的生活中应用十分广泛，那些质纯、纤维长的石棉可以做防火、隔热的石棉布。

▲ 石棉是天然的纤维状的硅酸盐类矿物质的总称

矿物的等级

　　矿物按照硬度可以分为 10 个等级。最软的矿物当属用来做滑石粉的滑石，它的硬度为 1；石英的硬度为 7，属于一般的等级；最硬的矿物是硬度为 10 的金刚石，它可以用来切割、打磨其他矿石。

▲ 滑石是已知最软的矿物，一般为白色，略带青色或绿色

会发光的矿石

　　自然界中有不少会发光的矿物。磷灰石含有磷，白天在阳光下暴晒，晚上就能释放能量，发出美丽的荧光。闪锌矿、萤石和金刚石也具有一定的发光能力。

▲ 磷灰石呈浅绿、黄绿、褐红等色，有玻璃光泽

云母

云母是指由多种特定元素组成的层状矿物，根据不同的组成元素，可以把云母分为黑云母、白云母、金云母和锂云母等。云母在工业和生活中也有很多用处，可以用于电子和电气工业。

▲ 云母是一种造岩矿物，呈现六方形的片状晶形

形影不离的矿物

有一些矿物非常有趣，它们总是和另外一些固定的矿物同时出现，这就是矿物的共生。这些矿物大多是由相同的元素组成的，比如雄黄和雌黄都含有砷元素，它们就常常共生在一起，人们将它们比作"矿物鸳鸯"。

note 知识小笔记

汞就是我们常说的水银，它是一种液体金属。

雄黄   雌黄

▲ 雄黄和雌黄

高　原

　　高原是一大片高出海平面很多，但又不像山峰那样连绵起伏的平地，是地球上最基本的地貌之一。高原的海拔高，气压低，氧气含量少，所以在气候、环境等方面都比平原要恶劣。

最大的高原

　　巴西高原是南美洲东部位于巴西境内的广阔高原，面积500多万平方千米，是世界上面积第二大的高原（仅次于南极的冰雪高原）。因为巴西高原本身面积广大，所以看起来十分平缓，没有落差巨大的地方。

▼ 巴西高原位于南美洲东部

▲ 德干高原地处低纬，属典型的大陆性季风气候，除东西两侧雨量较丰富外，高原内部高温少雨，缺乏高大茂密的森林，而以灌木和高草为主，呈现出一派热带草原的景观

德干高原

　　位于印度半岛上的德干高原，占有印度半岛的大部分，是世界著名的大高原之一。德干高原的地势西高东低，平均海拔600~800米，在高原中算是比较低的。

▲ 帕米尔高原苍茫雄浑的景致

帕米尔高原

帕米尔高原位于中亚东南部、中国的西端，地跨塔吉克斯坦、中国和阿富汗三国。"帕米尔"是塔吉克语"世界屋脊"的意思。帕米尔高原海拔 4000~7700 米，是世界上海拔最高的高原之一。

世界最高的高原

位于中国西南部的青藏高原，面积为 250 万平方千米，平均海拔高度在 4000 米以上，有"世界屋脊"之称，是中国第一大高原，也是世界最高的高原。

高原的特点

高原海拔高、气压低、氧气含量少、接受太阳辐射多、日照时间长、太阳能资源非常丰富。高原地区水的沸点低于 100℃，如果用普通饭锅煮饭，则会夹生。

▶ 青藏高原是中国重要的牧区

note 知识小笔记

中国的四大高原是青藏高原、内蒙古高原、黄土高原和云贵高原。

▼ 青藏高原中部的唐古拉山脉，主体部分海拔都在 6000 米以上

31

平　原

　　平原是陆地上地表面积广阔、地势最平坦的区域，海拔一般在 200 米以下。它以较小的起伏区别于丘陵，以较小的高度区别于高原。平原的地理特征为人类的工农业生产带来了便利，所以也是人类最主要的居住地。

平原的类型

　　因为地质运动的原因，平原在地球表面上占的面积并不多，只占了大约 1/4，这些平原大多分布在大江、大河旁边。根据平原的形成原因，可以分为构造平原、侵蚀平原和堆积平原。

▲ 河流的泥沙停留下来　　　▲ 河流渐渐漫开呈扇形　　　▲ 泥沙淤积形成了平原

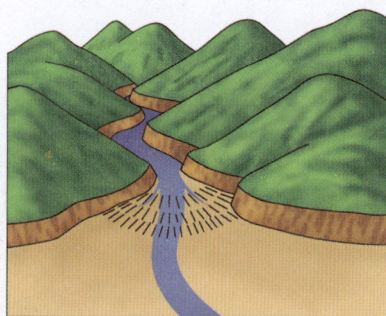

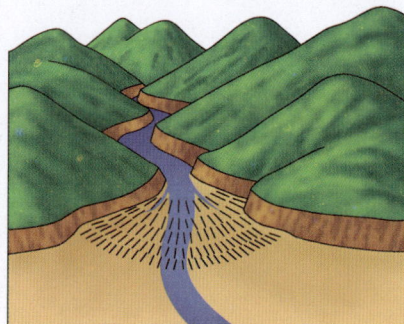

note 知识小笔记

　　我国的三大平原是东北平原、华北平原和长江中下游平原。

◀ 我国的华北平原主要由黄河、淮河和海河等大河冲积而成

东欧平原

东欧平原也叫作俄罗斯平原，它北起北冰洋，南到黑海、里海之滨，东起乌拉尔山脉，西达波罗的海，地跨俄罗斯、拉脱维亚、爱沙尼亚、立陶宛等国，面积约400万平方千米，是世界第二大的平原。

▲ 东欧平原平均海拔约170米，是欧亚草原，尤其是钦察荒原的延伸

最大的平原

南美的亚马孙平原是世界上最大的冲击平原，位于南美洲北部亚马孙河中下游，流域面积达560万平方千米，占巴西面积的1/3左右，蕴藏着多达数百万种生物资源。

▶ 亚马孙平原的河漫滩约占平原面积的10%，由松软的近代冲积层组成，地势特别低，河漫滩之外，45~60米的陡岸之上为高位平原

中国最大的平原

位于大小兴安岭和长白山之间的东北平原，由北部的松嫩平原、南部的辽河平原及东北部的三江平原三部分构成，面积约35万平方千米，是中国面积最大的平原。

▼ 东北平原土地肥沃，是全球仅有的三大黑土区域之一，东北四省（区）粮食产量占中国总产量的三分之一，是中国重要的粮食、大豆、畜牧业生产基地，也是中国重要的煤炭、钢铁、机械、能源、化工基地

热带雨林

在地球赤道附近,分布着几片广袤葱郁的丛林,由于地处热带,称为热带雨林。这里终年高温多雨,季节分配均匀、热量丰富、水分充足,为生物的生存提供了优越的条件,所以热带雨林的物种非常丰富。

热带雨林的分布

热带雨林主要分布在中、南美洲的亚马孙河流域、非洲刚果盆地、南亚等地区。我国的云南、海南及澳大利亚局部地区也有分布。

资源宝库

热带雨林中的生物资源极为丰富,被誉为"地球生物资源宝库"。这里是生物的乐园,有世界上非常珍贵的经济植物——三叶橡胶、可可、金鸡纳树;众多的动植物中,还有至今都没被确认的物种;还有众多物种的经济价值尚未开发。

———可可树

金鸡纳树———

———药用干奎宁

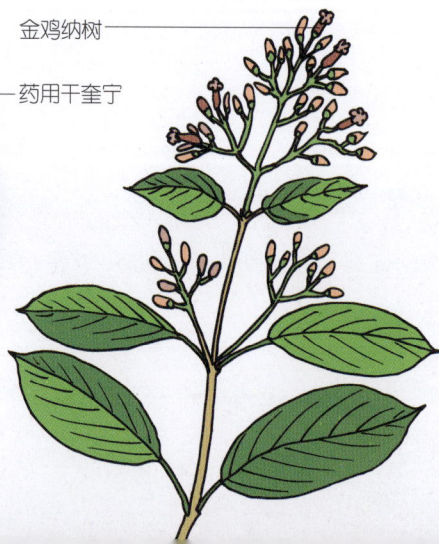

生物乐园

在迷人的热带雨林里，参天的大树、缠绕的藤萝、繁茂的花草交织在一起，就像一座座绿色的迷宫。漂亮的巨嘴鸟是丛林中最美丽的风景，诡异的眼镜蛇缠绕在树枝上准备伏击猎物。

▶ 热带雨林植被丰富，是众多野生动物栖息的乐园

露生层 ☼~100% 50~80m

林冠层 ☼~95% 30~50m

林下植被层 ☼~5% 1~30m

森林地被物 ☼~2%

"地球之肺"

热带雨林树木茂盛，在进行光合作用时，能吸收大量二氧化碳，并释放出大量的氧气，就像是地球上的一个大型"空气净化机"，所以热带雨林有"地球之肺"的美名。

◀ 热带雨林中的生物有着鲜明的层次感。图为热带雨林生物层次结构示意图

note 知识小笔记

热带雨林的土壤贫瘠，一旦森林被破坏，就会引起水土流失，而且难以恢复。

湿 地

湿地是指水域与陆地交界的沼泽地带，它与森林、海洋并称为全球三大生态系统，具有维护生态安全、保护生物多样性等功能，所以人们把湿地称为"地球之肾""天然水库"和"天然物种库"。

"天然物种库"

湿地包括沼泽、滩涂、河流、湖泊、水库、稻田及低潮时水深不超过6米的浅海区等。据统计，覆盖地球表面的湿地仅为6%左右，却为地球上将近20%的已知物种提供了生存环境，具有不可替代的生态功能。

◀ 湿地生态系统是湿地植物、栖息于湿地的动物、微生物及其环境组成的统一整体

▼ 湿地是珍贵的自然资源，也是重要的生态系统，具有不可替代的综合功能

湿地功能

湿地的功能是多方面的，它既可作为直接利用的水源或补充地下水，又能起到泄洪和防止土地沙化的作用；此外，湿地还能滞留沉积物、有毒物、营养物质，从而改善环境污染；它还能以有机质的形式储存碳元素，减少温室效应，保护海岸不受风浪侵蚀。

▲ 红海滩以湿地资源为依托，以芦苇荡为背景，再加上碧波浩渺的苇海，数以万计的水鸟和一望无际的浅海滩涂，还有许多火红的碱蓬草

辽河三角洲湿地

辽河三角洲湿地位于辽河、大辽河入海口交汇处，这里有绵延数百平方千米、面积居世界第一的芦苇荡，以及一望无际的天下奇观——红海滩。被誉为"湿地之神"的珍稀鸟类丹顶鹤也生活在这里。

世界最大的湿地

潘塔纳尔湿地位于巴西中部马托格罗索州的南部，面积达 25 万平方千米，是世界上最大的一块湿地。那里分布着大量河流、湖泊和一些被水淹没的平原。除了丰富的植物资源以外，湿地内还栖息着各种各样的动物，其中不乏珍稀动物和濒临灭绝的动物。

▶ 潘塔纳尔湿地

湿地生物

由于湿地具有得天独厚的自然条件，所以蕴藏着丰富的动植物资源，仅中国有记载的湿地植物就有 2700 多种；湿地动物的种类也异常丰富，仅中国记录的湿地动物就有 1500 多种，其中淡水鱼有 500 种左右，占世界上淡水鱼类总数的 80%以上。

▼ 湿地动物

沼　泽

　　沼泽是长期处于过湿状态、土壤水分几乎饱和、有泥炭堆积，生长着喜湿和喜水性植物的地方。由于泥炭的吸水性很强，所以沼泽土壤往往缺氧而且养分不足。沼泽大部分集中在亚、欧、北美三大洲的寒温地区。

▲ 50 英里宽的淡水河缓缓流过广袤的平原，因而造就了这种独特的大沼泽地环境

沼泽的形成

　　沼泽的形成得益于温湿或冷湿的气候。地势平坦或低洼、排水不畅的地方，因为江、河、湖、海的边缘或浅水部分淤塞而变成沼泽；林区或高山草甸、冻土带地下水不断聚集也可以形成沼泽。

沼泽的分类

　　沼泽有几种不同的分类方法，按供给水源和演变过程可分为低位沼泽、中位沼泽和高位沼泽；按地貌条件可分为山地沼泽、高原沼泽和平原沼泽；按植物类型可分为藓类沼泽、草本沼泽和木本沼泽。

草本沼泽

木本沼泽

泥炭

泥炭是沼泽的重要特征之一，是煤最原始的状态，由泥炭苔和泥炭藓构成。此外，死去的植物和动物、昆虫的尸体也是泥炭形成的来源。

▶ 泥炭本身的丰富营养成分对于植物而言非常有利，所以"泥炭"被大量用来建植草坪、高尔夫球场、足球场、网球场、绿茵场地、草地园林和栽种花卉等，是上佳的复合肥原料之一，所以便有"草炭"之称号

合理利用沼泽

沼泽既是土地资源，又有宝贵的泥炭资源和丰富的动植物资源。此外，它在保持地区生态平衡等方面，也具有一定意义。我们不能将沼泽看成"荒地"，盲目地进行开垦，而应根据沼泽类型和分布地区的特点，把合理开发利用与保护结合起来。

▼ 沼泽是天然的大水库，它通过水面蒸发和植物的蒸腾作用，增加大气湿度，调节降雨，有利于森林和农作物生长，促进农、林、牧业的发展，同时对人体健康也有良好的作用

沼泽中的水和植物

沼泽里的水体流动非常缓慢，几乎处于停滞状态，水每日只流动 2~3 米，这是由沼泽本身的状态所决定的。由于沼泽的缺氧和地下养分不足，大多数沼生植物都有发达的通气组织，以及不定根和特殊的繁殖能力。

note **知识小笔记**

全球沼泽面积约 270 万平方千米，约占陆地面积的 0.8%。

森　林

　　世界上的森林总面积约占陆地面积的 30%。森林对气候环境、水土保持及生态平衡的维持都有很重要的作用，也是防止沙漠化和制止水土流失的有效帮手。所以森林被称为"地球之肺"。

以森林为家

　　人类的祖先最初就生活在森林里，他们靠采集野果、捕捉鸟兽为食，用树叶、兽皮做衣服，在树枝上架巢做屋。据统计，当今世界上仍有约 3 亿人以森林为家，靠森林谋生。

▼ 腊玛古猿主要生活在森林地带，森林的边缘、林间的空地是它们的主要活动场所

生长在乔木层的高大乔木

附生藤木

▼ 不同层次的绿色植物

note 知识小笔记

　　每公顷森林每年能吸附 50~80 吨粉尘，不愧为地球的"环保卫士"。

生长在灌木层的蕨类植物

阔叶林

阔叶树是一类具有扁平、宽阔叶片的木本植物，大多生活在热带和亚热带地区。大部分树木都是阔叶树，如桂树、栎树、楠木等都属于阔叶树。由阔叶树组成的森林，叫阔叶林。

▶ 阔叶树桂树

▶ 针叶树云杉

针叶林

针叶树是一种生长在寒带地区的树木，特点是具有细长如针状的叶子，这能减少水分的消耗。针叶树包括冷杉、云杉、落叶松等。许多针叶树形成的大片森林，叫针叶林。

用途广泛的木材

木材的用途很广泛，造房子、做家具、修桥梁、造纸等都会用到木材。适量砍伐木材可以使森林完成更新的过程，帮助幼树生长，但是滥砍滥伐会毁坏森林和地球环境。

▼ 木材由于加工制作方便和性能良好，被广泛地应用于建筑结构工程和装饰工程等

草　原

草原是地球上最主要的生态环境之一，这里养育着多种多样的生物，是干旱和半干旱地区不可多得的栖息地。世界上各大洲都有草原，亚洲、欧洲、美洲的温带地区相对比较集中。

草原的类型

草原按照生物学和生态特点分为草甸草原、平草原、荒漠草原和高寒草原四类。其中高寒草原上生长着多种优良牧草和药用植物，是重要的畜牧业基地。

▶ 天山，高寒草原

▲ 潘帕斯大草原

潘帕斯大草原

潘帕斯大草原位于南美洲南部，阿根廷的中、东部。"潘帕斯"源于印第安语，意思是"没有树木的大草原"。虽然这里的气候很适合树木生长，但这里基本上没有树木。

▲ 热带草原景观开阔，植物丰富，为这里的大型动物提供了丰富的食物

▲ 非洲的热带草原干季

非洲的热带草原

非洲的热带草原年平均气温都在 20℃ 以上。每年有一半时间是湿季，一半时间是干季，湿季和干季交替出现。湿季多雨，植物生长繁茂；干季干旱，树木落叶，草木枯黄。

呼伦贝尔草原

内蒙古的呼伦贝尔草原是中国最大的草原，也是世界最著名的四大草原之一。在中国，它是目前保存最完好的草原。这里水草丰美，生长着 120 多种营养丰富的牧草，有"牧草王国"之称，这些牧草还大量出口到日本等国家。

note 知识小笔记

我国的草原主要分布在新疆、内蒙古及东北地区。

▼ 呼伦贝尔草原是世界著名的天然牧场，被称为"世界上最好的草原"

盆　地

　　我们将四周是山地或高原，中间较低成盆状的地貌称作盆地。盆地往往物产丰富，水土资源优越，有利于农业的发展。但是由于盆地的地貌特征，也使这里的空气对流受到一定限制。

盆地分类

　　盆地按形成原因分为两种，由地壳的运动造成的盆地称为构造盆地，由冰川、流水等水体或空气的侵蚀作用形成的盆地叫作侵蚀盆地。一般来说，构造盆地要比侵蚀盆地大一些。

▲ 内流盆地

▲ 外流盆地

▲ 山间盆地

"中非宝石"

　　刚果盆地是一个构造盆地，位于非洲中部，是世界上最大的盆地，面积约为 337 万平方千米。刚果盆地矿产丰富，水资源充沛，因此被称为"中非宝石"。

note 知识小笔记

　　澳大利亚盆地，面积约 175 万平方千米，是世界上最大的自流盆地。

◀ 刚果盆地

▼ 吐鲁番盆地有"火州"之称，日平均气温超过 35℃ 的天数达 100 天以上，是中国最热的地方

四川盆地

四川盆地位于中国的大西南，是我国四大盆地之一，平均海拔 200~750 米，面积为 26 万平方千米。四川盆地四周被耸立的群山紧紧环抱，天然密闭，滚滚长江从盆地的南部横穿而过，形成了独特的湿热型盆地气候。

▼ 四川盆地蕴藏着丰富的矿产资源及旅游资源，举世闻名的乐山大佛、"震旦第一"的峨眉山都在这里

塔里木盆地

塔里木在维吾尔语中的意思是"无缰之马"，位于新疆维吾尔自治区南部，界于天山、昆仑山、阿尔金山与帕米尔高原之间。它的总面积约 40 万平方千米，是中国也是世界上最大的内陆盆地。

▼ 塔里木盆地四周被高山封闭得严严实实，气候极端干旱，盆地外围是由碎石组成的戈壁滩

中国最低的盆地

吐鲁番盆地是中国陆地最低的地方，总面积约 5 万平方千米。其中，低于海平面的面积就有 4050 平方千米，是世界上仅次于约旦死海的第二低地。

丘　陵

丘陵海拔一般为 200~500 米，由连绵不断、坡度较缓的低矮山丘组合而成，是山地向平原过渡的中间阶段。丘陵一般没有明显的脉络，顶部浑圆，是山地久经侵蚀的产物。

丘陵的形成

有的丘陵是山脉长期风化而形成的，有的丘陵是山坡的滑动和下沉而形成的，风、冰川、植被等造成的堆积、河流的侵蚀及火山、地震等也是形成丘陵的原因。

◀ 丘陵坡度一般较低缓、切割破碎、无一定方向

丘陵的物产

丘陵地区物产丰富，尤其是靠近山地与平原之间的丘陵地区，由于地下水与地表水由山地供给而水量丰富，自古就是人类防洪、农耕的重要栖息之地。而且这里依山傍水，风景别致，可辟为旅游胜地。

▼ 人们因地制宜，在丘陵上修建了梯田，这样就可以留住水分，使农作物正常生长

▼ 桂林山水是典型的丘陵地貌

46

▲ 位于我国安徽省的黄山是江南丘陵的组成部分，素有"天下第一山"之美誉

江南丘陵

　　江南丘陵包括长江以南、南岭以北、武夷山和天目山等山脉以西、雪峰山以东的山和丘陵。江南丘陵的地域涵盖了江西省、湖南省大部分、安徽省南部、江苏省西南部和浙江省西部边境。著名的黄山就属于江南丘陵。

▼ 云贵高原大部分地区的高原保存较完好，为缓丘起伏的丘陵性高原

note 知识小笔记

中国是个多丘陵的国家，丘陵的总面积约有100多万平方千米。

东南丘陵

　　东南丘陵指中国东南部一带的丘陵，是北至长江，南至两广（指广东、广西），东至东海，西至云贵高原的大片低山和丘陵。这里四季分明、雨水充沛、土地肥沃、土层深厚，十分适宜发展农林业。

桂林山水

　　著名的旅游胜地桂林就属于丘陵地形，这里的山虽然不高，但是数量却不少。桂林山水以其"山清、水秀、洞奇"而闻名于世，使它享有"桂林山水甲天下"的美称。

溶岩洞穴

洞穴跟高山、平原等一样，是陆地表面的基本地形。早期的原始人类在不会建造房屋之前，就是以洞穴为居住地的。在今天，洞穴更是旅游观光的好地方。

溶洞

溶洞是一种天然的地下洞穴。在漫长的岁月里，由含有二氧化碳气体的地下水逐渐对石灰岩进行溶解而形成溶洞。溶洞在形成过程中不断扩大，并且相互连通，从而形成了大规模的地下世界。

◀ 含弱酸的水会将石灰岩溶蚀成地上的石林和地下的岩洞，形成特殊的岩溶地貌

石钟乳

地下岩洞的洞顶有很多裂隙，水从裂隙中不断往下渗，水分蒸发后，石灰质沉淀下来，就渐渐长成了石钟乳。石钟乳的生长速度十分缓慢，大约几百年才能长 1 厘米。

◀ 钟乳石和石笋大不相同，一个像冬天屋檐下的冰柱，从上面垂下来；一个像春天从地面下"冒"出来的竹笋

石笋

岩洞最顶端的水滴落下来时，里面所含的石灰质在地面上一点点沉积，犹如一根根冒出地面的竹笋。由于石笋比较牢固，所以它的生长速度比石钟乳快，有时能形成 30 多米高的石塔。

◀ 石笋形如竹笋出土，自下向上生长

天然音乐厅

南斯拉夫的波斯托伊那岩洞是闻名于世的石灰岩洞。这个岩洞的特别之处在于只要敲击一下那里的石柱，顶上就会发出声响，接着，一连串的回声响彻大厅，犹如一个天然的音乐厅。

▶ 神奇的波斯托伊那岩洞

知识小笔记

中国云南的石林是著名的溶洞景观，是大自然鬼斧神工的杰作。

最长的溶洞

世界上最长的溶洞是北美阿巴拉契亚山脉的猛犸洞，位于肯塔基州境内，探测出的长度已经将近 600 千米。猛犸洞也被称为"水帘洞"，因为它里面有 7 个由流水形成的自然瀑布。

▼ 犸猛洞

49

沙　漠

　　沙漠在人类的心中一直是荒凉而神秘的地方。岩石因为长期缺乏降水和日晒风化，在地表形成了一层很厚的细沙，逐渐成为沙漠。沙漠里常年干旱，所以动物、植物都很稀少。

沙丘

　　在风的作用下，沙漠里会堆积起一座座小沙山，这就是沙丘。沙丘会因风向不同而呈现不同形状，如果风向保持不变，就会形成平行沙丘；如果风从好几个方向吹来，就会形成星星状的沙丘；而通常情况下，沙丘像一轮弯月。

◀ 新月形沙丘是流动沙丘中最基本的形态

📝 知识小笔记

　　塔克拉玛干大沙漠是中国最大的沙漠，也是世界第二大流动沙漠。

▶ "撒哈拉"是阿拉伯语的音译，在阿拉伯语中"撒哈拉"为大沙漠，源自当地游牧民族图阿雷格人的语言，原意为"大荒漠"

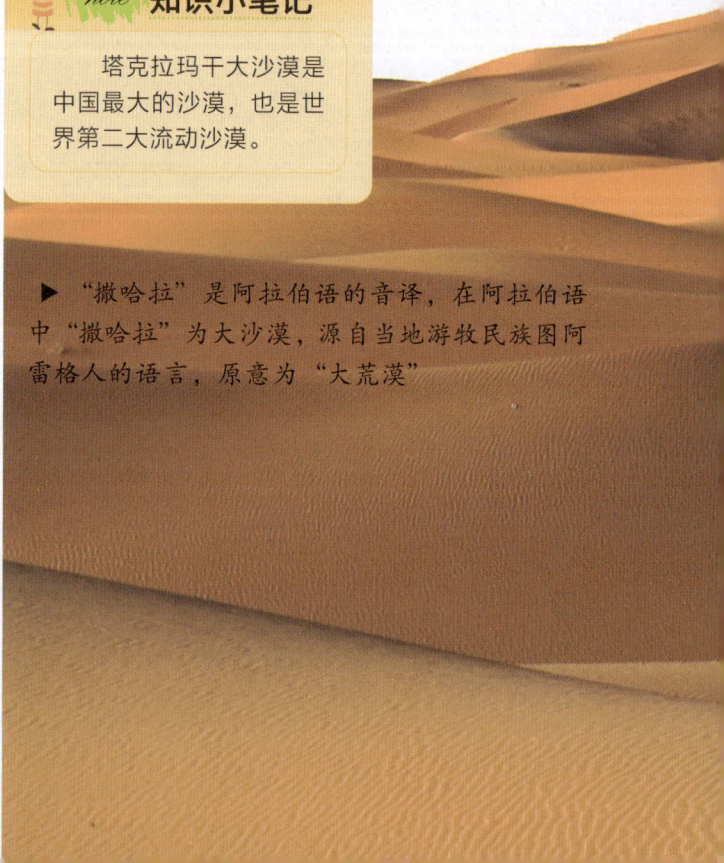

沙漠绿洲

　　每当夏季来临，融化的雪水就会流入沙漠的低谷，渗进沙漠深处。这些地下水流到沙漠的低洼地带，就会涌出地面形成湖泊，为植物的生长提供充足的水源，长出一片生机勃勃的绿洲。

▼ 撒哈拉沙漠中的绿洲

沙漠里的仙人掌

仙人掌能在干旱的沙漠里顽强地生存，因为它有独特的条件。为减少水分的散失，它将叶子演化成短短的小刺，而根茎也变成肥厚含水的形状，以此来适应沙漠缺水的环境。

▶ 仙人掌被称为"沙漠英雄花"

黑色沙漠

中亚地区的卡拉库姆沙漠，位于里海东岸的土库曼斯坦。由于这个沙漠是由黑色岩石风化而成的，所以这里到处一片棕黑色，无边无际，阴沉沉的，人称"黑色沙漠"。

▲ 卡拉库姆沙漠心脏地带坐落着一个巨大的火坑，已经燃烧了 40 多年，被当地人形象地称为"地狱之门"

撒哈拉大沙漠

撒哈拉沙漠位于非洲北部，在阿特拉斯山脉和地中海以南，西起大西洋海岸，东到红海之滨，横贯非洲大陆北部，面积达 900 多万平方千米，是世界第一大沙漠。

石油与天然气

石油是从地下深处开采的可燃黏稠液体，一般是黑色或棕黑色，是一种不可再生资源。天然气是古代生物的尸体长期沉积地下，经过转化及变质而产生的具有可燃性的气体，常伴随石油开采而出现。

共生能源

石油矿藏往往和其他能源矿藏共处一室，其中比较多的就是天然气。因此，地质人员在寻找石油的时候，如果发现了天然气矿藏，就可以在附近寻找，从而找到石油。

水中生物的遗骸下沉而埋藏于地下

因地热或地压作用变成石油

◀ 石油的形成示意图

石油的用途

人们利用石油可以加工出 5000 多种重要的有机合成原料，如涤纶、尼纶、腈纶等合成纤维。合成橡胶、洗衣粉、糖精、人造皮革、化肥、炸药等都是由石油产品加工而成的。

石油大多集中在地层的背斜构造部分，像砂岩之类空隙较多的岩石地区等

从石油中得到的化工产品是制造尼龙的原料

加热原材料形成熔化的聚合物

◀ 石油里提炼出的乙烯和水反应，形成尼纶

熔化的聚合物被挤压通过喷丝头

纤维形成尼龙线

▲ 汽油是用量最大的轻质石油产品之一，是引擎的一种重要燃料

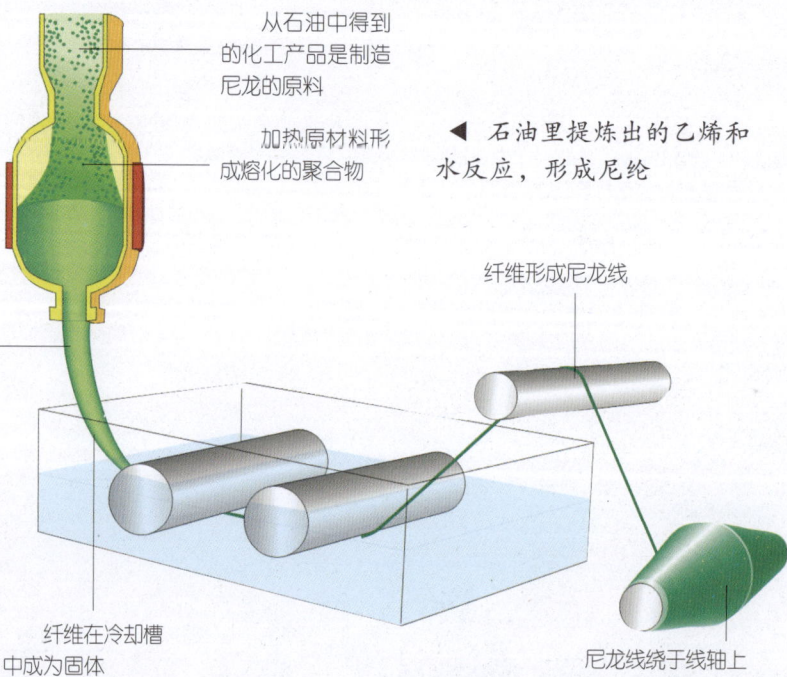

纤维在冷却槽中成为固体

尼龙线绕于线轴上

天然气的特性

天然气的主要成分是甲烷,它比空气轻,是无色、无味、无毒的气体。但是为了安全,天然气公司在其中添加了臭剂,使用户能及时发现气体的泄漏。

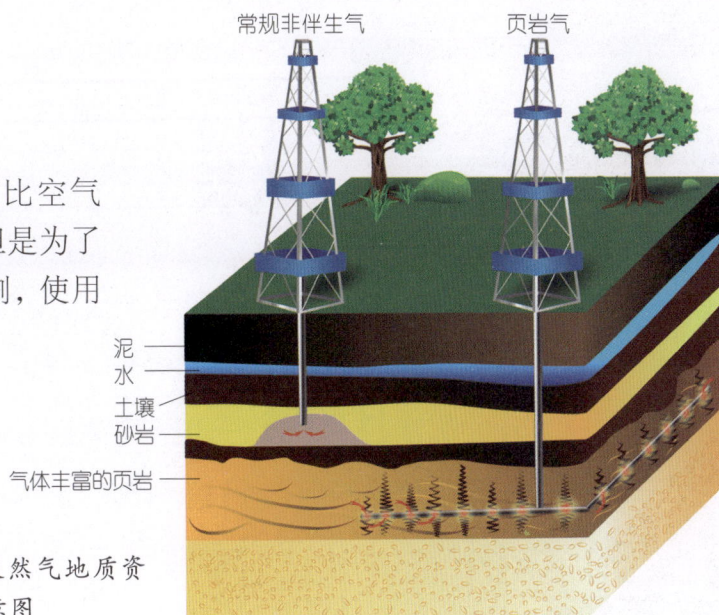

▶ 天然气地质资源示意图

常规非伴生气　　页岩气

泥
水
土壤
砂岩
气体丰富的页岩

大陆

知识小笔记
早在秦汉时期,我国就发现并利用天然气了。

🌸 如何形成

天然气是埋藏在地底的古代生物遗体,经过漫长时间的转化及变质分解而产生的具有可燃性的气态碳氢化合物。

1. 腐烂的动植物没入海底

2. 不断积累的沉积物将其埋没

3. 生物遗骸随着温度升高和压力增大变为天然气

天然气管道

天然气是气体,不像石油那样可以用油轮运输。以前,人们曾用这种方法运输天然气:先给天然气降温,使天然气液化,然后装在特制的容器里。现在,利用管道就可以直接把天然气从产地输送到千家万户。

▼ 天然气管道

▼ 天然气是较为安全的燃气之一

高效清洁型能源

天然气有污染小、热值高的特点,它燃烧后所产生的温室气体只有煤炭的 1/2,石油的 2/3,对环境造成的污染远远小于石油和煤炭。

53

煤

煤是一种用途很广泛的矿产，既是动力燃料，又是化工和制焦、炼铁的原料，素有"工业粮食"之称。煤是一种不可再生的能源，而且储量有限，所以要合理开发和使用。

煤最早形成于石炭纪，是由沼泽、森林植物演化成的

▲ 煤炭主要有三大用途：（1）发电；（2）炼焦；（3）化工使用

煤形成前，先会形成一种纤维物质——泥炭。泥炭既可作为燃料，又是促进植物生长的养料

煤的形成

煤是由死亡的植物演变而来的。上亿年前生长的繁茂植物，在死亡以后被埋藏在地层中，经过高温、高压的化学和物理过程，使植物体中的化学成分分开了，分出的碳聚集在一起，最后形成了煤。

泥炭受沉积物压缩，形成褐煤

最终形成无烟煤

note 知识小笔记

我国最大的煤田是位于内蒙古与陕西交界地区的神府煤田。

褐煤被压缩成结构致密的烟煤

煤焦油

　　煤焦油又称煤膏，是一种黑色或黑褐色的黏稠液体，它是煤炭在焦化过程中产生的。煤焦油含有上万种成分，其中很多有机物是生产塑料、染料、橡胶、耐高温材料等的重要原料。

▼ 煤焦油可分离出多种产品，如樟脑丸、沥青、塑料、农药等

▲ 露天开采

煤的开采

　　由于煤炭资源的埋藏深度不同，大体上有两种开采方法。对于埋藏较深的煤矿一般采用"矿井开采"的方法，埋藏较浅的使用"露天开采"的方法。

我国的煤炭开采地

　　我国大部分的煤矿集中在山西和陕西，这里也是重要的煤炭供应地区。我国采煤以矿井开采为主，如山西、山东、徐州及东北地区大多数采用这一开采方式。平朔安太堡露天煤矿采用露天开采的方式。

▲ 矿井开采

▼ 露天采矿示意图

再生能源

能量具有各种各样的形式，只要某种物质或运动能够释放出能量供我们使用，它就是能源。自然界有许多可以再生的能源，比如水能、核能和太阳能等。

太阳能集热器

风力发电站

水力发电站

地热发电站

火力发电站

核能发电站

▲ 再生能源对环境无害或危害极小，而且资源分布广泛，适宜就地开发利用

不同的能源

根据能源来源的不同，可以将能源分为四大类：一类是与太阳有关的能源，比如风力、水力、太阳能；一类是与地球内部有关的能源，比如地热；一类是与太阳、月亮引力有关的能源，如潮汐能；还有一类是核能，它是与原子核反应有关的能源。

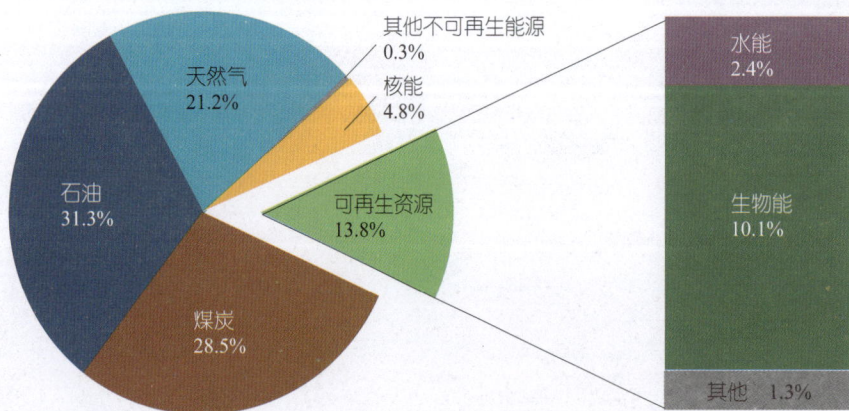
▲ 可再生能源和不可再生能源在能源体系中所占比重

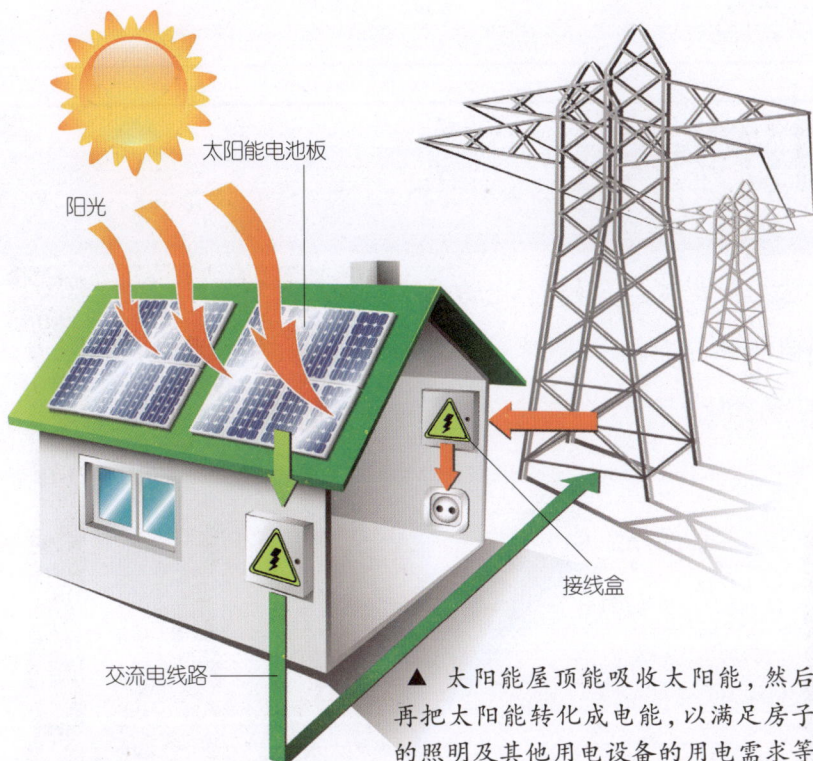

阳光

太阳能电池板

接线盒

交流电线路

▲ 太阳能屋顶能吸收太阳能，然后再把太阳能转化成电能，以满足房子的照明及其他用电设备的用电需求等

太阳能

太阳能是为数不多的可持续、无污染的能源之一。太阳能给人类带来了光明和温暖，除了能直接利用太阳的光和热以外，还可以把太阳能转化为电能，作为动力来驱动汽车、飞机等交通工具。

▼ 地热电站

地热能

地热是地球内部存在的一种巨大的热量，它会以温泉、火山爆发等形式释放出来。我们常见的地热能是温泉和间歇泉，此外，地热能还可用来发电。

核能

核能是原子核裂变或聚变时释放出来的能量，所以也叫原子能。核能被广泛应用于工业、军事等领域。核能可以用来发电，还可以作为交通工具的动力，比如核潜艇和航空母舰。

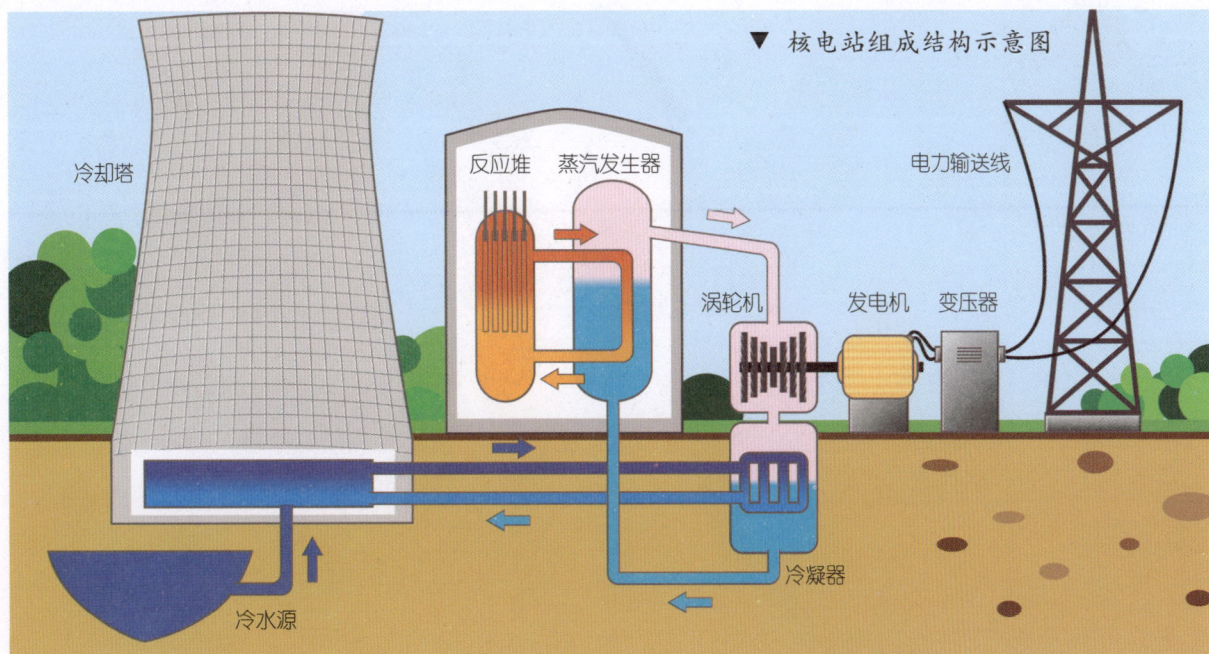

冷却塔

反应堆　蒸汽发生器

电力输送线

涡轮机

发电机　变压器

冷凝器

冷水源

▼ 核电站组成结构示意图

地球上的时间

地球上的时间不是一成不变的，也不是统一的。准确地说，我们所指的时间，应该叫时刻。根据不同的经度划分出了不同的时区，这就形成了具有地域特点的时间标准。

古代的记时

公元 1300 年以前，人类主要是利用天文现象和流动物质的连续运动来计时的，因此出现了日晷、沙漏和漏壶等计时工具。东汉时，张衡发明了最早的机械钟——漏水转浑天仪。

▲ 日晷是古人利用日影测算时间的一种计时仪器

▲ 沙漏也叫作沙钟，是一种测量时间的装置

纽约时间　伦敦时间　莫斯科时间

▲ 地球的自转总是自西向东进行着，因此东边见到太阳总是比西边早，东边的时间也快于西边。地球东西两边存在的时间差，使得世界各地的时间并不统一，这给人们的生活和交流带来了很大的不便

地方时

在地球上某个特定地点，根据太阳的具体位置所确定的时刻，称为"地方时"。地方时具有局域性特点，受当地所处地理位置限制，地方时只能在小范围地区使用。

时区

地球自西向东自转，东边见到太阳总是比西边早，东边的时间也快于西边，这给时间的统一带来不便。为了克服混乱，1884 年的国际经度会议上将全球划分为 24 个时区，每个时区横跨经度 15 度，时间正好是一小时，相邻的两个时区时间相差一个小时。

▶ 现今全球共分为 24 个时区。由于常常 1 个国或 1 个省份同时跨着 2 个或更多时区，为了照顾到行政上的方便，常将 1 个国家或 1 个省份划在一起

东十一区 东十区 东九区 东京 东八区 北京
西西十二区 东七区 河内
东十一区 东六区
西十区 东五区
西九区 东四区
西八区 东三区
西七区 东二区
西六区 东一区
西五区 东一区
西四区 中时区 伦敦
西三区 西二区 西一区

大陆

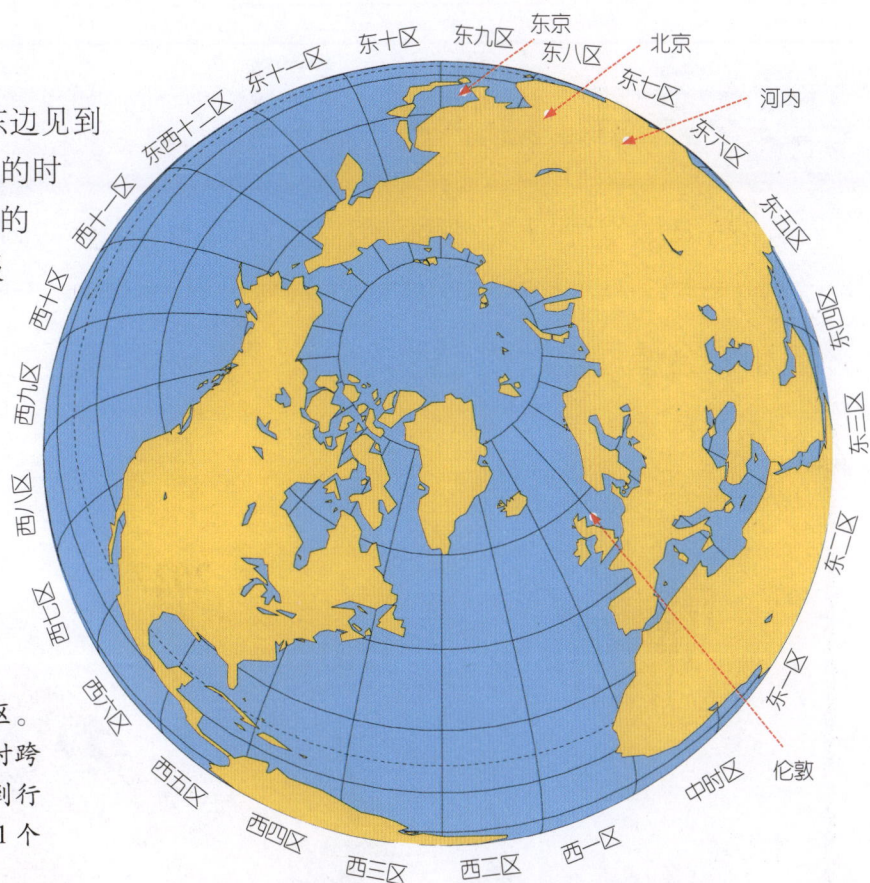

东京时间

知识小笔记
note

北京的经度是 116 度 21 分，在本初子午线往东第八个时区内。

▶ 本初子午线，位于英国格林尼治天文台

本初子午线

1884 年，世界天文学家在华盛顿召开了一次统一时间的国际会议，会议决定以经过格林尼治的经线为本初子午线，并以它作为计算地理的起点和世界标准"时区"的起点，后来这一天便定为国际标准时间日。

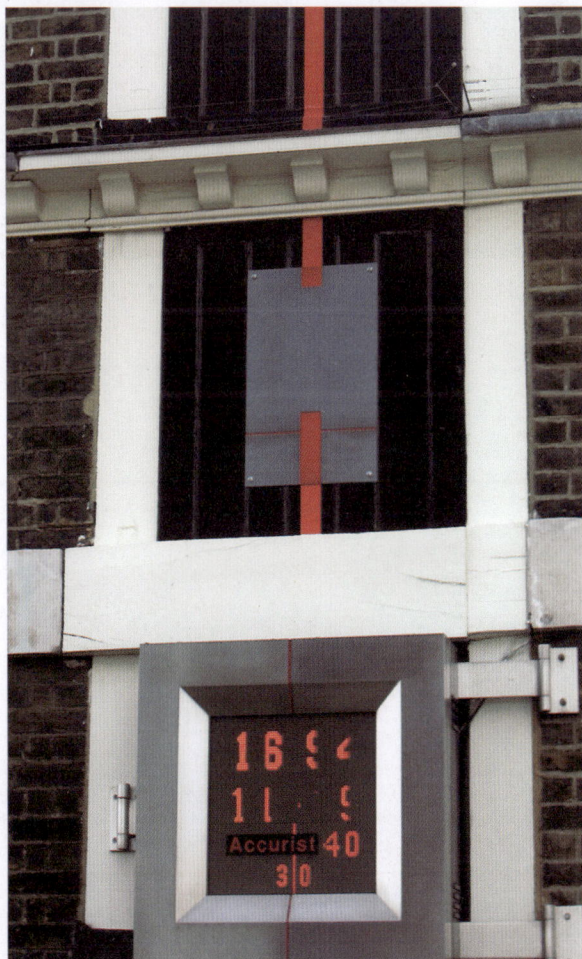

16 5
11 5
Accurist 40
3 0

地球上的人口

　　1986 年，世界人口总数超过了 50 亿，到了 1999 年，世界人口超过了 60 亿的关口。人口问题引起了世界各国的注意，因为暴涨的人口将对自然环境和社会造成很大的压力。

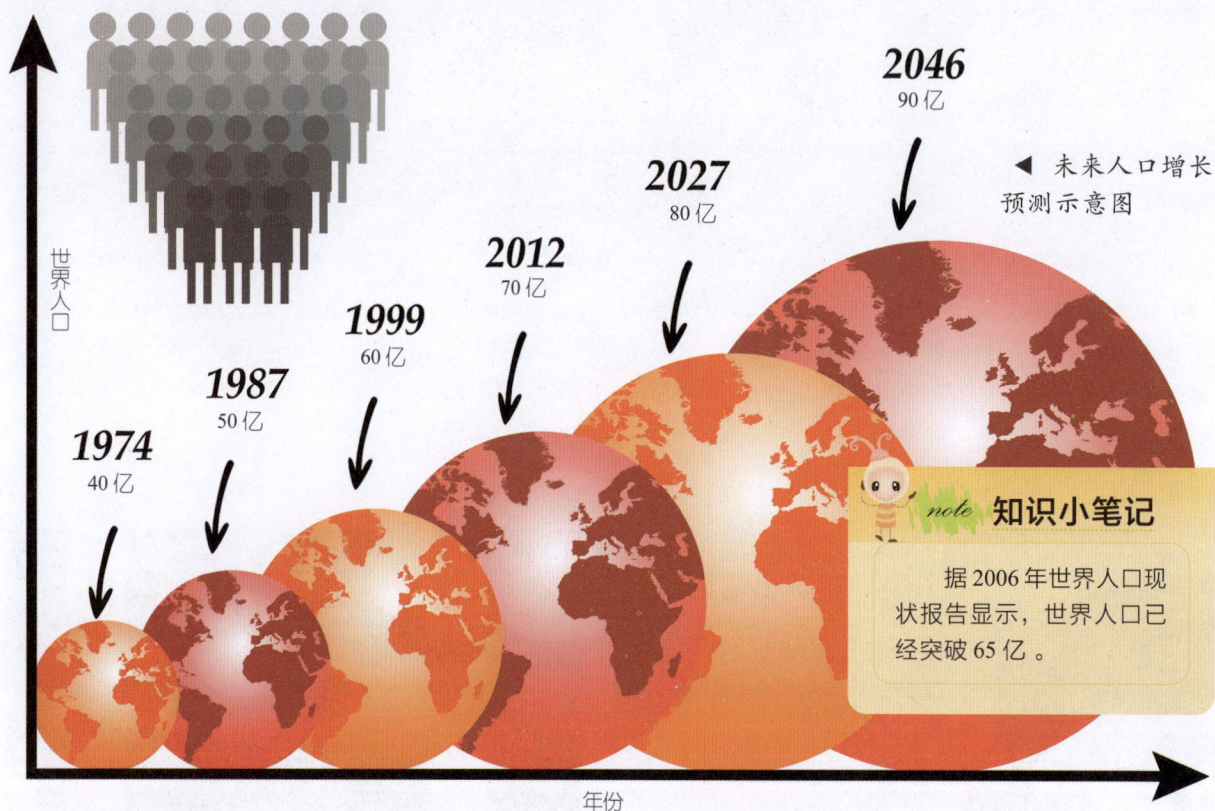

1974
40 亿

1987
50 亿

1999
60 亿

2012
70 亿

2027
80 亿

2046
90 亿

世界人口

年份

◀ 未来人口增长预测示意图

知识小笔记

　　据 2006 年世界人口现状报告显示，世界人口已经突破 65 亿。

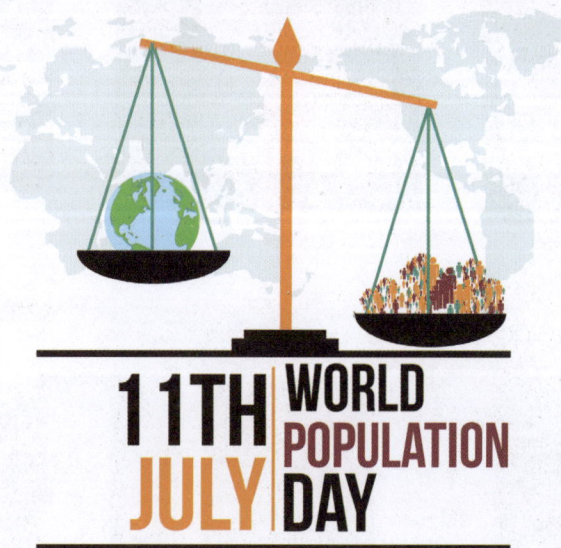

11TH JULY WORLD POPULATION DAY

▲ 世界人口日

不断增长的人口

　　自从人类出现在这个星球上，人口数量就在不断增长，但是在 19 世纪以前人口数量增长十分缓慢，到了 20 世纪以后，世界人口开始飞速增长。

世界人口日

　　1987 年 7 月 11 日，前南斯拉夫降生的一个婴儿，被联合国象征性地认定为地球上第 50 亿个人，于是宣布地球人口突破 50 亿大关。从 1988 年开始，联合国规定每年的 7 月 11 日为世界人口日。

人口最多的国家

中国一直是世界上人口数量最多的国家，截至 2006 年年末，中国人口已达 13.14 亿，居世界第一位。同时，中国还是世界上农村人口最多的国家，绝大部分人生活在农村。

▶ 中国是世界上人口最多的国家，众多的人口为经济发展带来了沉重的压力

人口最少的国家

梵蒂冈是位于意大利首都罗马西北高地上的国家，面积为 0.44 平方千米，是世界上最小的国家，这里的常住人口约 600 人左右，堪称是世界上人口最少的国家。

▼ 世界上人口最少的国家是：梵蒂冈，常住人口仅约 600 人，主要是意大利人

亚　洲

亚洲是亚细亚洲的简称，古希腊人称自己国家以东的地方为"亚细亚"，是"日出之地"或"东方"的意思。亚洲是古文明的发源地之一，四大文明古国中有3个在亚洲。

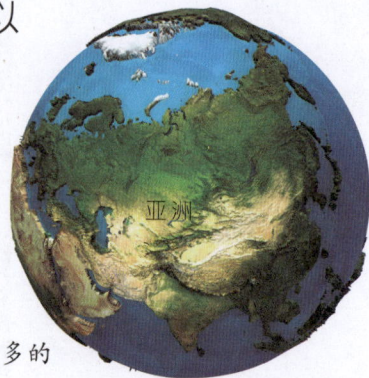

◀ 亚洲的石油蕴藏量是世界上最多的

广袤的亚洲

亚洲的面积约4458万平方千米，是世界上面积最大的洲。它横跨东半球，从白令海峡一直延伸到地中海，周围被太平洋、印度洋和北冰洋包围。亚洲大陆地理环境多样，矿产资源也十分丰富，其中石油等资源的蕴藏量是世界上最多的。

◀ 亚热带森林

复杂的气候

亚洲大陆跨越热带、温带和寒带，主要气候类型为大陆性气候和季风气候，北部为寒带苔原气候和温带针叶林气候，靠近太平洋地带的是季风气候，最南边是亚热带森林气候。

▼ 长城是世界七大奇迹之一，中国最具代表性的景观

东亚

　　东亚是指亚洲东部，包括中国、朝鲜、蒙古、韩国和日本等国，面积约1250万平方千米。东亚地势西高东低，最高的地方在中国的青藏高原，这里也是世界上海拔最高的地方。

▶ 青藏高原

南亚

　　南亚指亚洲南部地区，包括斯里兰卡、巴基斯坦、印度和尼泊尔等国，总面积大约为430万平方千米。南亚在喜马拉雅山南麓，气候类型复杂，有热带雨林气候、亚热带草原和沙漠气候。

▲ 印度的泰姬陵是世界七大建筑奇迹之一

▲ 斯里兰卡是印度洋上的岛国

note 知识小笔记

　　亚洲是七大洲中面积最大、人口最多的一个洲。

大陆

欧 洲

欧洲位于东半球西北部，面积约 1016 万平方千米，是世界第六大洲。欧洲是资本主义经济发展最早的一个洲，整体经济水平比其他各大洲高出许多，在科学技术、文化艺术等领域也走在世界前列。

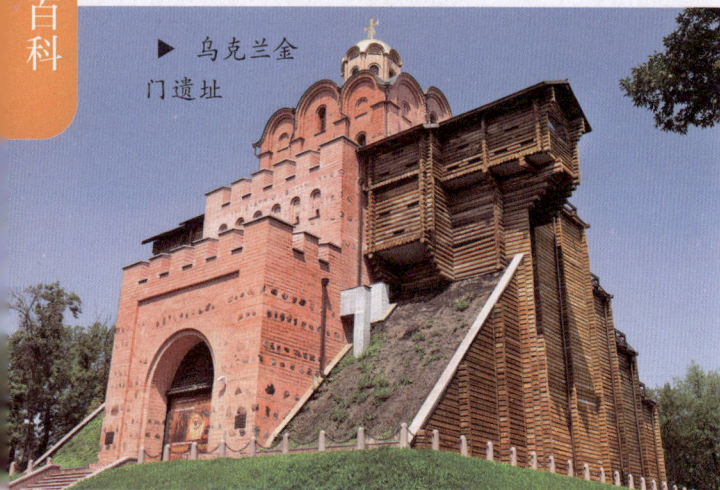

▶ 乌克兰金门遗址

东欧

东欧是指欧洲东部地区，在地理上指爱沙尼亚、拉脱维亚、立陶宛、白俄罗斯、乌克兰、摩尔多瓦和俄罗斯的欧洲部分，这里的地形以海拔低的平原为主，气候复杂多变。

▼ 欧洲绝大部分居民是白种人

西欧

西欧指欧洲西部濒临大西洋的地区和附近岛屿，包括英国、爱尔兰、荷兰、比利时、卢森堡、法国和摩纳哥等国家。这里濒临大西洋，气候属温带海洋性阔叶林气候，雨量丰沛，多雾。

▼ 荷兰

note 知识小笔记

欧洲居民中的 99% 是白种人，是种族构成比较单一的洲。

南欧

　　南欧是指欧洲的南部地区，这里包括阿尔卑斯山脉以南的巴尔干半岛、亚平宁半岛、伊比利亚半岛和附近岛屿。南欧南临地中海和黑海，西濒大西洋，因为地处大西洋—地中海—非洲板块交界处，因此多火山，地震频繁。

▲ 意大利是欧洲民族及文化的摇篮，曾孕育出罗马文化及伊特拉斯坎文明

北欧

　　北欧指日德兰半岛、斯堪的纳维亚半岛一带地区，这个地区包括冰岛、丹麦、挪威、瑞典和芬兰，面积约有 132 万平方千米。北欧境内多高原、丘陵、湖泊，在第四纪冰川期这里全被冰川覆盖，所以遗留有许多冰川地形和峡湾海岸。

▶ 冰岛是世界温泉最多的国家，所以被称为"冰火之国"

非　洲

非洲的全称是"阿非利加洲"，在希腊语中是"阳光灼热"的意思。非洲面积约 3020 万平方千米，仅次于亚洲，是世界第二大洲。干旱的气候、增长过快的人口让这里常常面临干旱和饥荒的威胁。

炎热的大陆

非洲大陆大部分地区都在热带，因此这里的气候炎热，有一半以上的地区终年高温。尤其是非洲大陆北部的沙漠地带，这里的年平均气温是世界上最高的。

◀ 撒哈拉沙漠是世界上阳光最充足的地方，也是世界上最大和自然条件最为严酷的沙漠

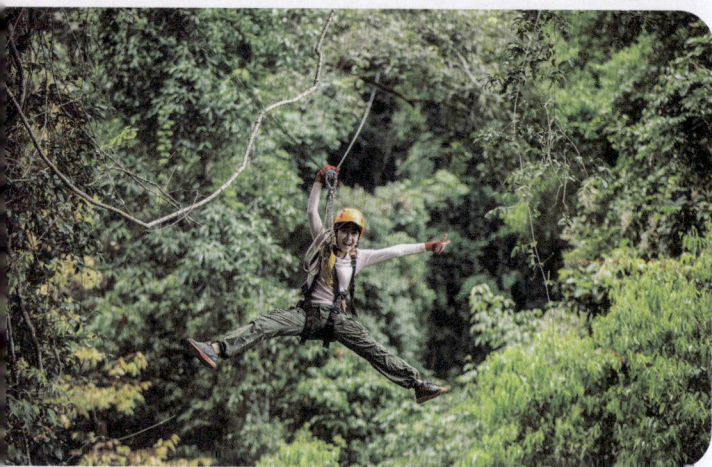

神秘的非洲内陆

古老的非洲大陆内部至今仍有大片未被人类探索的热带森林，在这里还存在着许多不为人知的物种和自然现象。许多热衷旅游和探险的爱好者都把非洲看成"心中的圣地"。

◀ 非洲探险

▼ 非洲的稀树草原是众多野生动物的家园

非
洲

大
陆

非洲的环境

非洲大陆被印度洋和大西洋包围着，北部和欧洲之间隔着地中海，东北部与亚洲被红海和苏伊士运河隔开。按照地理位置，非洲被分为北非、中非、西非、东非和南非。

▼ 乞力马扎罗山四周都是山林，生活着众多哺乳动物

▲ 金刚石

资源宝库

非洲是资源宝库，这里的矿产资源十分丰富，已知的石油、铜、金、金刚石、铝土矿、磷酸盐、铌和钴的储量在世界上均占有很大比重。非洲还有丰富的森林资源，非洲的森林面积约占全非洲总面积的21%。

文明古国埃及

埃及是世界四大文明古国之一，这里有许多古代文明的遗迹，如金字塔、神庙和古墓等。胡夫金字塔和狮身人面像堪称人类建筑史上的奇迹。

▼ 胡夫金字塔是古埃及至今发现的110座金字塔中最大的

note 知识小笔记

乞力马扎罗山是一个火山丘，海拔5892米，有"非洲屋脊"之称。

67

美　洲

　　美洲是"亚美利加洲"的简称，它包括两个部分：南美洲和北美洲，主要国家有美国、加拿大、墨西哥等。这里土地辽阔、矿产资源丰富，工业、金融贸易等都非常发达，是最富饶的大洲之一。

◀ 亚美利加·维斯普奇

美洲的发现

　　16世纪时，哥伦布在寻找通往东方的新航道时发现了美洲大陆，但是他坚持认为他所发现的是亚洲。后来另外一位探险家亚美利加·维斯普奇经过探索，发现这是一片新大陆，于是这个大陆就被命名为亚美利加洲。

不稳定的板块

　　北美洲大陆被扩张的大西洋板块推挤，又去撞击太平洋板块。因此，在北美洲西部经常发生火山和地震，这一地带也是环太平洋火山地震带的一部分。

▼ 北美洲，环太平洋火山地震带

气　候

　　美洲有不同的气候带：北美大部分属亚寒带和温带大陆性气候，有面积辽阔的针叶林和大草原；中美和南美北部主要属热带气候，有广大的热带雨林和热带稀树干草原。南美南部则属温带气候。

▶ 南美草原

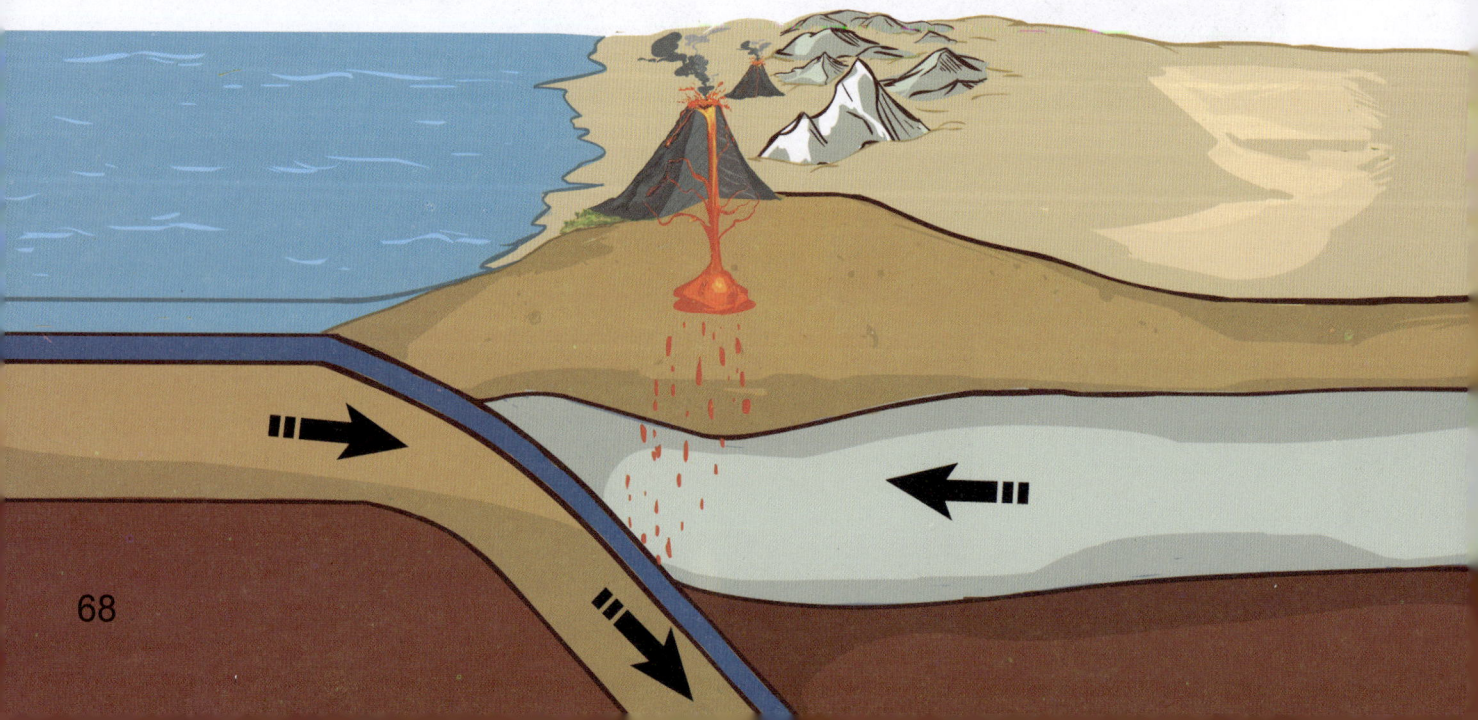

南美洲

南美洲位于西半球的南部，整个大陆东至布朗库角，南至弗罗厄德角，西至帕里尼亚斯角，北至加伊纳斯角，与北美洲以巴拿马运河为界，面积大约有 1784 万平方千米。

南美洲

▲ 亚马孙平原位于南美洲北部，是世界上面积最大的冲积平原

北美洲

北美洲位于西半球的北部，东接大西洋，西临太平洋，北濒北冰洋。北美洲平均海拔只有 700 米，地势最高的地方是阿拉斯加的麦金利山，它的海拔是 6193 米。

▼ 麦金利山位于美国阿拉斯加州的中南部，是北美洲的第一高峰

北美洲

note 知识小笔记

美国是世界上最发达的资本主义国家，联合国的总部就设在美国的纽约。

大洋洲

　　大洋洲总面积为 897 万平方千米，是世界上面积最小、人口最少的一个洲。大洋洲岛屿众多，包括新几内亚岛、新西兰南北二岛等一万多个岛屿，主要国家有澳大利亚、新西兰等。

被海洋包围的大洲

　　大洋洲是世界上唯一一个孤立的大洲，它不仅远离其他大陆，而且自身也被太平洋划分成多个岛屿，并被太平洋和印度洋包裹起来。在历史上，大洋洲曾被当作是南方大陆。

大洋洲

新西兰

　　新西兰由北岛、南岛、斯图尔特岛及其附近一些小岛组成，面积约 27 万平方千米。这里是温带海洋性气候，四季温差不大，植物生长十分茂盛，森林覆盖率达 29%，畜牧业非常发达。

◀ 新西兰总计约有30%的国土为保护区

　　悉尼歌剧院的外观就像是在风浪中鼓帆前进的巨型帆船，又像是漂浮在悉尼港湾海面上的洁白贝壳

知识小笔记

note

　　悉尼歌剧院是世界七大奇迹之一。

丰富的矿藏

大洋洲的矿藏十分丰富。其中，铝土矿的储量达到了 46.2 亿吨，居世界第二位；镍的储量大约为 4600 万吨，居世界前列。

▲ 铝土矿是生产金属铝的最佳原料

◀ 镍在地壳中含量很少，它主要是从海底的锰结核中提取出来的

▼ 帕劳群岛由一个大堡礁、和无数小岛和较少堡礁构成

岛屿

大洋洲有众多岛屿，其中新几内亚岛、新西兰的北岛和南岛是大陆岛，岛上平原狭小，多海拔 2000 米以上的高山。新几内亚岛上的查亚峰，海拔高达 4884 米，是大洋洲的最高点。此外，大洋洲上还有少量由海底火山喷发物质堆积而成的火山型岛屿，如夏威夷群岛、帕劳群岛、所罗门群岛等。

澳大利亚

澳大利亚是大洋洲最大的国家，它是一个四面环海的巨大陆地，构成了大洋洲最主要的部分，成为世界上唯一独占一个大陆的国家。澳大利亚的国土包括澳洲大陆和许多大小岛屿，首都是堪培拉，最大的城市是悉尼。

▼ 澳大利亚是全球第四大农产品出口国，也是多种矿产出口量全球第一的国家，被称作"坐在矿车上的国家"

南极洲

南极洲是人类最后到达的大陆，位于地球最南端，总面积约1424万平方千米，约占世界陆地总面积的9.4%。这里气候恶劣，是世界上最干燥、最寒冷、风雪最多、风力最大的大洲。

南极洲

白色荒漠

南极洲年平均降水量为55毫米，大陆内部年降水量仅30毫米，极点附近几乎无降水，空气非常干燥，因此有"白色荒漠"之称。

▶ 极昼和极夜

南极的季节

南极洲每年分寒、暖两季，4~10月是寒季，11~3月是暖季。极点附近寒季会出现连续黑夜，南极圈常出现绚丽的极光；暖季则相反，太阳总是倾斜照射，会出现连续的白昼。

南极的生命

南极洲植物稀少，仅有苔藓、藻类、地衣等；陆地边缘常见的动物有海豹、海狮和海豚；鸟类有企鹅、信天翁、海鸥、海燕等；海洋中盛产鲸类，有蓝鲸、鲱鲸和驼背鲸等，是世界上产鲸最多的地区。

▲ 南极动物

南极冰盖

南极大陆上覆盖着一层厚厚的冰盖，面积约 1398 万平方千米，平均厚度约 2200 米，最厚处达 4000 多米。如果这些冰盖全部融化，全球海洋面将升高 60 米。

中国人在极地

1985 年 2 月 20 日，一阵喧天的锣鼓声和鞭炮声突然在南极洲响起。接着，一面鲜艳的五星红旗在国歌声中升起，飘扬在冰天雪地的南极上空，中国第一个南极科学考察站——长城站顺利建成了。

▲ 中国第一个南极科学考察站——长城站

南极白色大陆

▼ 南极冰盖的上面，覆盖着近百米厚的积雪层，其表面仍然在不断地接受降雪的沉积

note 知识小笔记

唐胡安池是南极洲最有名的咸水湖，其湖水含盐度极高，每升湖水含盐量可达 270 多克，即使是在 -70℃，湖水也不结冰。

73

生态环境

　　人类为了维持生存所需的衣、食、住、行等，必须从生活环境中索取一定的原料。人类的一些不合理的活动破坏了地球的面貌，造成了空气污染、水污染、土壤退化等现象，而这一切将会改变地球的未来。

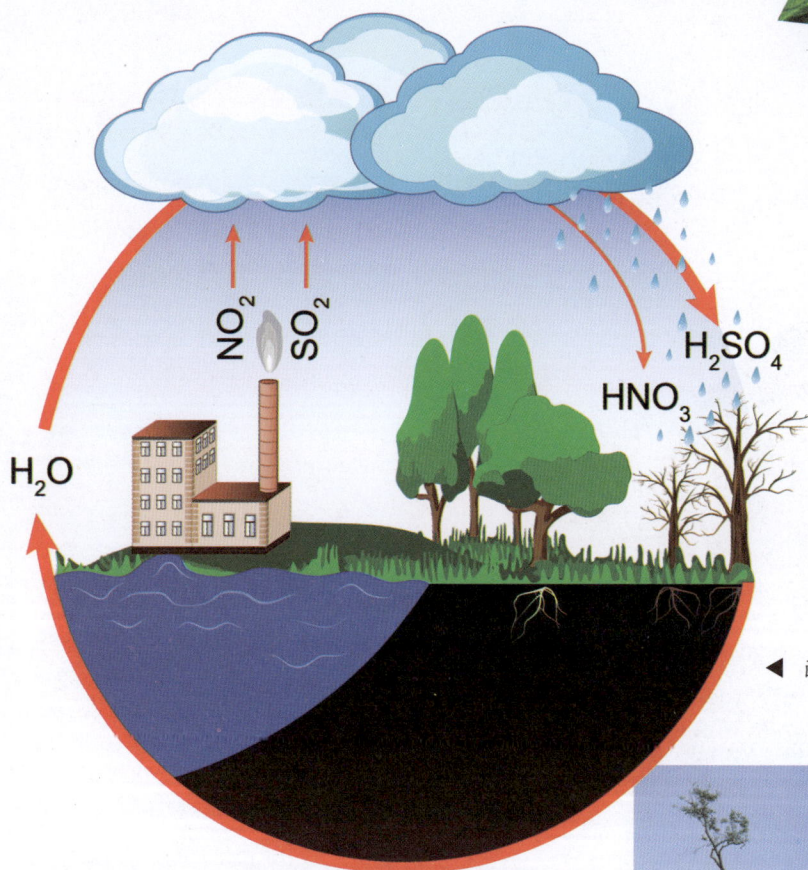

NO_2 SO_2 H_2O H_2SO_4 HNO_3

◀ 酸雨的形成示意图

全球性的污染

　　污染对于整个地球来说，是没有地域和国界限制的，因为地球上的大气、水等物质每时每刻都在循环交替。排入大气的污染物会随着降雨落入土壤中，而进入河流的污染物会再进入大海，从而循环散布到地球的每个角落。

▶ 水土流失

水土流失

　　在植被遭到破坏或耕作不合理的地方，往往会发生严重的水土流失。水土流失会使土地变得干旱、贫瘠，而进入河流的泥沙又会堵塞河道，抬高河床，从而引起洪灾。

野生动物濒临灭绝

膨胀的人口需要越来越多的生存用地，为了获得足够的地方，人们不断向自然界进军，大片森林被砍伐，广阔的草原被开垦，大批野生动物失去了生存的家园。

▶ 自然保护区是保护各种重要生态系统、濒危物种的特殊区域

▶ 渡渡鸟是一种已经灭绝的不会飞的鸟

▶ 城市里的交通堵塞现象

交通拥挤

随着世界人口的增加，科学技术的不断发展，汽车等交通工具越来越多，排放出的尾气也不断增多，当这些污染性的气体累计达到空气不能自我净化的极限时，就会对人类的生存产生威胁。与此同时，拥挤的人群也给环境带来了很大的压力。

note 知识小笔记

联合国把每年的 6 月 5 日定为"世界环境日"。

▶ 森林资源减少的主要原因是毁林开荒和过度采伐

森林面积缩小

人们不断毁林开荒，砍伐木材，导致世界森林面积正在迅速缩小。现在，每年大约有 20 万平方千米的森林从地球上消失。

臭氧层空洞

每个人都知道阳光带给我们温暖，多晒太阳对我们的身体也有好处。但是你是否知道阳光本身是对人体有伤害的，因为有了大气层的存在，强烈的阳光被减弱了，使我们能够安全地在陆地上生活。

UV-B

UV-A

臭氧层

臭氧层是由氧元素组成的，但是它的味道使人稍微感到不愉快，所以被称为"臭氧"。在大气底部臭氧非常少，但是在我们头顶 25~30 千米的高空中存在着一个非常薄的臭氧层。

臭氧层是地球的 一个保护层，太阳紫外线辐射大部分被其吸收

紫外线

阳光中有一段看不见的光对我们的身体有很大的伤害，它就是紫外线。紫外线具有很强的穿透能力，如果生物长时间在紫外线下照射，表皮细胞就会被辐射，产生病变，严重时会威胁生命。

◀ 紫外线晒伤主要表现是出现弥漫性的红斑，边界比较清楚，红斑逐渐消退然后会有脱屑的现象

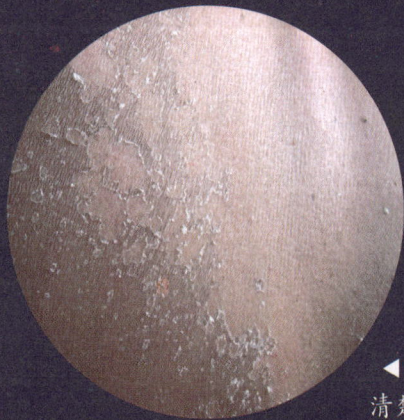

氟利昂

氟利昂是一种化学合成物质，它无色无味，对人体几乎没有任何危害。它的性质很稳定，不会燃烧，也不容易分解，所以经常被用于制冷设备上，比如冰箱、制冷机，等等。

▶ 氟利昂是化学性稳定的制冷剂，也是臭氧层破坏的元凶

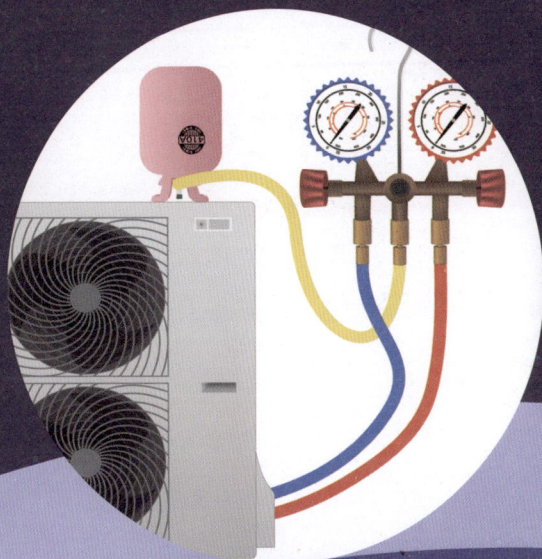

持续扩大的臭氧层空洞

扩大的空洞

在过去近一个世纪的时间里，人们向大气中排放了上千万吨的氟利昂，使臭氧层遭到了破坏。自从发现南极上空存在臭氧层空洞以来，这个空洞的面积一直在增加，现在大约有 2500 平方千米了。

臭氧层的重要性

臭氧层能把阳光中绝大部分的紫外线吸收掉，保护陆地上的生物，使它们不会受到紫外线的伤害。对地面上的生命来说，臭氧层就像一把看不见的保护伞，保护着地球生物。

◀ 臭氧层是地球的保护伞

大陆

沙漠化

　　沙漠被称为"生命的禁区"，不仅是人类，几乎所有生命都无法在沙漠中长期生活。但是，因为人类的乱砍滥伐和过度放牧，这个禁区正在不断扩大，沙漠化已成为我们面临的一个严峻的问题。

过度放牧

　　一块草原在一个时期内只能供养数目有限的家畜，如果在草原上放养过多牲畜，它们就会让草原上的植被不能正常生长，进而破坏草原的生态平衡。一旦植被被破坏，就有可能被沙漠侵吞。

◀ 草原上的过度放牧使植被遭到破坏，可能导致土地沙漠化

楼兰古城

　　在我国西部沙漠中有一个古城叫作楼兰，在 3000 多年前这里是一片植被茂密、水草丰美的地方。但是随着大陆性气候的增强，这里的气候变得越来越干燥，植被也越来越稀少，直到最后变成一片沙漠。

▲ 楼兰古城已被掩埋在沙漠中

重要的植被

对于一块土壤来说，植被非常重要。无论是草原，还是森林，都可以帮助土壤涵养水分，保持土壤的活力。如果植被被破坏了，土壤就很容易被沙漠侵吞。

▲ 植被破坏

▲ 沙漠化的土壤

沙漠入侵

沙漠可以借助风力向外入侵，在风的吹拂下，沙丘不断地向着风吹的方向移动。位于沙漠边缘的地区是最危险的，即使这里能够生长植被，也会逐渐被沙漠侵吞。

note 知识小笔记

我国的沙漠化土地占国土面积的 18% 以上。

阻止沙漠化

目前人类还没有把沙漠改造成良田的成功经验，只能降低沙漠面积扩大的速度。人们认识到要阻止土壤沙漠化，就要广泛地植树造林、种植草皮，这样就可以降低风速，减慢沙漠向土壤推移的速度。

ECO

◀ 防止土地沙漠化最好的办法就是植树造林

垃圾危害

　　垃圾给我们的生存环境造成很大的污染，还会破坏土壤、产生有毒的气体。但大部分垃圾经过处理后，可以变成有用的资源。因此，如何利用和处理好垃圾成为一个重要的环保问题。

白色污染

　　废弃的塑料物品大部分是白色的，所以这种污染被称作"白色污染"。这些废弃的塑料不容易分解，如果混在土壤中，就会导致农作物产量减少；如果把它们烧掉就会产生有害气体，污染空气。

◀ 塑胶袋是包装垃圾的主要组成，约占生活垃圾重量的 10%

生活垃圾

　　生活垃圾一般可分为四大类：可回收垃圾、厨房垃圾、有害垃圾和其他垃圾。目前常用的垃圾处理方法主要有综合利用、卫生填埋、焚烧和堆肥。

◀ 垃圾分类是对垃圾进行有效处置的一种科学管理方法

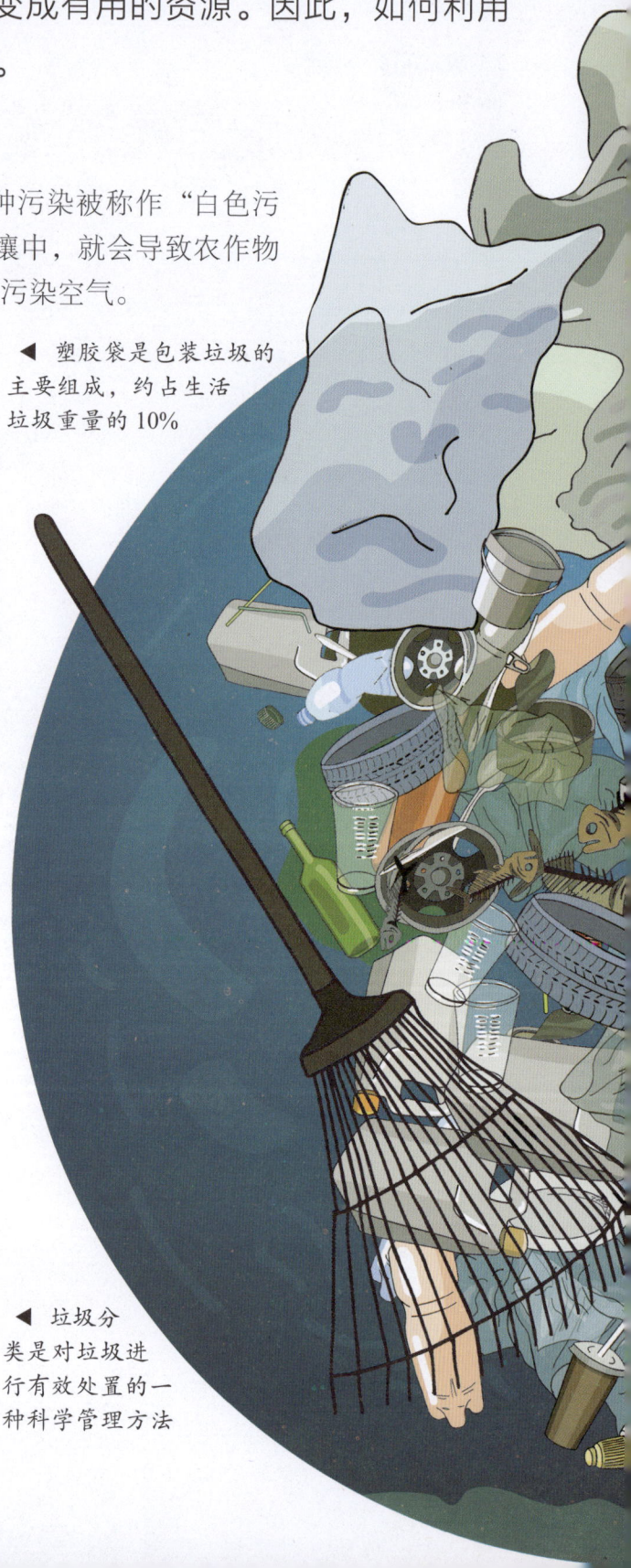

垃圾污染的严重性

　　有害垃圾包括废电池、废日光灯管、废水银温度计等，这些垃圾需要特殊处理，否则对环境造成的后果难以估量。如果镉电池和汞电池落入水中将会释放出有毒物质，污染600立方米的水体。

▼ 由于人口不断增长，生活垃圾正以每年10%的速度增加

大陆

▲ 废弃电池中的汞在自然界会慢慢溢出，进入土壤或水源，再通过农作物进入人体，使人的健康受损

循环利用

　　废弃的垃圾经过分拣后，有一些可以循环利用，节约资源。在美国，超过半数的旧铝皮易拉罐回收后，可以再制成其他铝质用品；英国的许多玻璃制品也是将旧酒瓶回收后重新制作的。

▼ 垃圾回收工厂

保护可爱的家园

地球是人类共同的家园，我们只有一个地球。如今，越来越多的资源被破坏，我们的生存环境已经急剧恶化。所以保护环境，珍爱地球，是我们每个人都应该做的事情。

收集雨水

关好水龙头

循环利用

淋浴代替泡澡

▲ 节约用水从点滴开始

节约用水

尽管地球上有着丰富的水资源，但可供人类饮用的淡水只有很小的一部分。节约用水对于我们的日常生产与生活，以及工农业的生产都至关重要。

变废为利

地球上的各种资源正面临着即将耗损殆尽的困境，因此人类在开发新能源的同时，还应该充分利用各种被遗弃的废物，做到变废为宝。许多看似无用的东西，其实还可以在别的地方发挥功用。

▼ 将废弃物分类处理，利用现有生产制造能力把旧材料加工成新的、有用的产品，这样还可以减少原材料的消耗

回收

垃圾分类

禁止使用DDT

　　DDT 是一种有毒的农药，它无色、无味，在自然环境中能存留很多年。虽然这种农药可以除虫，但是它很容易在动物体内存留，造成环境、食品的污染，对人类的健康造成很大威胁。

▲ DDT对环境污染过于严重，目前很多国家和地区已经禁止使用

全球共同的协定

　　为了保护地球的环境，1992 年世界各国首脑在巴西举行了联合国环境与发展大会。大会在控制气体污染、保护濒危动植物的栖息地等方面达成了协议。

◀ 保护濒危动植物，珍惜每一点自然资源都是对地球最好的保护

植树造林

　　森林对于保持水土、调节气候等都有重大的作用。森林的减少不但会导致气候恶化，还会对生态平衡造成严重破坏。植树造林可以缓解因森林减少带来的灾害，重现地球的绿色生机，所以它是改善环境的重要方法。

▼ 植树造林、退耕还林和生态重建是极为重要的环保措施

知识小笔记

　　每年的 4 月 22 日是"世界地球日"。

83

天 气

　　我们周围的空气在不断地变化，于是就产生了天气。有时候天气很平静，有时候它又变幻无常。灰蒙蒙的天气让我们觉得心情很压抑，而晴朗的天气会让人觉得心情愉快。

地球的大气

　　地球的表面有一层浓厚的大气，就像披着一抹轻纱一样，非常美丽和迷人。我们人类就生活在大气层的最底层，虽然我们看不见、摸不着它，但是它却主宰着地球上的一切生命。

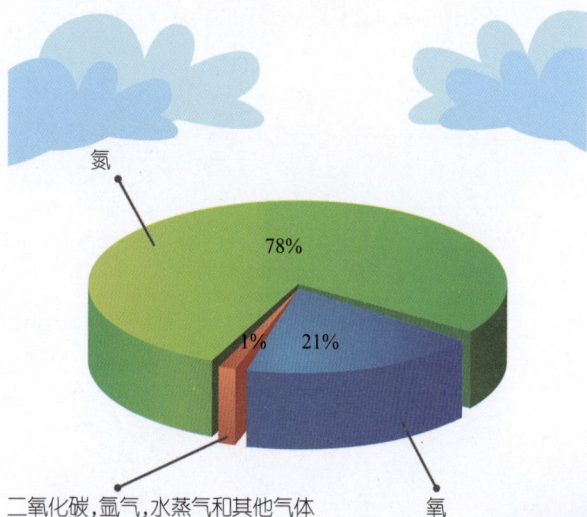

大气的组成

　　大气是围绕整个地球的巨大的气体圈层，它是一种由空气和水汽及部分杂质组成的无色、无味的混合气体。大气的主要成分是氮气和氧气，还有含量少但作用却不小的二氧化碳和臭氧等。

氮

78%

1%　21%

二氧化碳，氩气，水蒸气和其他气体　　氧

▼ 地球的大气就像是地球的一件透明的外衣

知识小笔记

note

大气的主要成分是氮，它占大气总量的 78.09%。

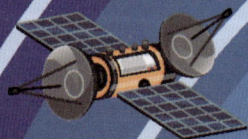

散逸层

暖层

中间层

平流层

对流层

对流层

　　对流层是地球大气中最底下的一层，同人类的关系最密切。虽然对流层只有 8~17 千米厚，但却集中了 90％ 以上的水汽。由于这里的空气上下对流比较强烈，因此会形成风、雨、雷、电等大气现象。

▲ 对流层

平流层

　　对流层以上是平流层。这里空气稀薄，总是风平浪静，晴空万里，十分适合高速喷气式客机的飞行。这里也是臭氧集中最多的地方。

▲ 飞机在平流层中飞行就比较安全

中间层

　　离地面 50~85 千米的大气层叫中间层。中间层和它以上的空气分子，在太阳紫外线的辐射下会变成带电的离子，形成电离层，能反射地球上发出的无线电波。

▲ 中间层能反射无线电波

暖层和散逸层

　　散逸层之下、中间层之上叫暖层，这里的气温非常高，因此叫暖层。在地球上黎明或黄昏时，人们看到闪烁的极光就是在这里产生的；暖层以上的大气叫散逸层，这里的大气特别稀薄，人造卫星就被放置在这一层。

▼ 散逸层

含水的空气

　　我们知道海绵可以吸水，我们周围的空气也像海绵一样，不过它吸取的不是水，而是水蒸气，这些水蒸气使空气变得湿润。当空气里含有的水蒸气多时，空气就会很潮湿；当空气里含有的水蒸气少时，空气就会很干燥。

上升

　　当水蒸气进入空气以后，它们不会停留在地面附近，而是在周围空气的推动下向更高的地方上升，最后漂浮在空中。

◀ 空气就像一个巨大的储水器，不过它存储的不是液态的水，而是水蒸气

▲ 每年有超过约 36000 亿立方米的海水被转化为水蒸气

◀ 大量的水汽进入大气，然后再输送到全球的每一个角落

扩散

　　沙漠里没有水，可是这里的空气中也含有水分。这是因为水蒸气会在空气中扩散，这些水蒸气是从水源扩散而来的。当湖泊、河流或者海洋表面的水蒸发以后，这些水蒸气就会进入空气之中。

呼吸产生的蒸汽

在寒冷的时候，如果你呼出一口气，就会发现呼出的空气是白色的，这是因为它含有很多水分。当这些水分突然变冷的时候，就会变成非常小的水珠，形成白雾。

▲ 露一般在夜间形成，日出以后温度升高，露就蒸发消失了，存在的时间很短

露珠

在夏天的早晨，我们会在草叶上发现露珠，这是因为晚上温度低，空气中的水蒸气都凝结在叶子上，所以形成露珠。露珠对农业生产是有益的，缺雨干旱时，农作物的叶子有时白天被晒得蜷缩发干，但是夜间有露，叶子就又恢复了原状。

▲ 冬天从口中呼出的白气是液化的现象

能量来源

水从液体变为气体是需要能量的，而这种能量来自太阳。太阳照射着大地，为地球送来很多能量，借助这些能量，水就进入了空气。

太阳使海水的温度升高，变成水蒸气蒸发到大气层中

note **知识小笔记**

靠近海边的城市的空气湿度相对内地城市较大。

▲ 太阳的辐射和重力作用，为水循环提供了水的物理状态变化和运动的能量

天　气

　　天气是指某一地区在某一时段内大气的状态，如阴、晴、风、雨等都是天气现象。尽管天气现象千变万化，却都发生在离地球最近的对流层里，并且都与大气活动有密切的关系。

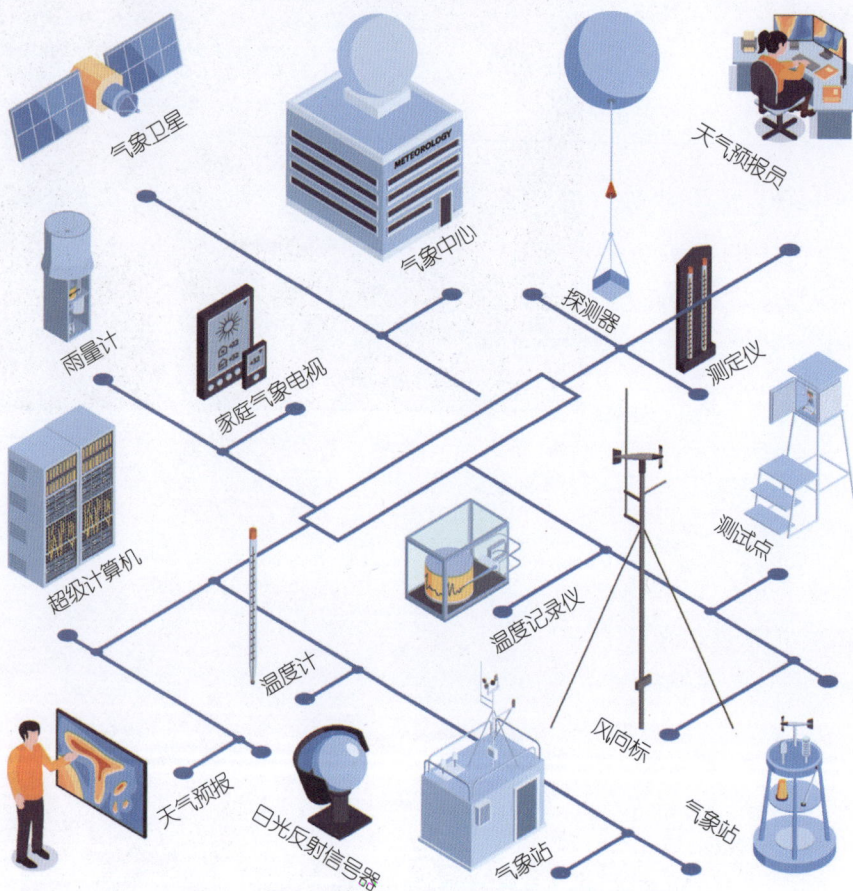

气象卫星

气象中心

探测器

天气预报员

雨量计

家庭气象电机

测定仪

超级计算机

温度记录仪

测试点

温度计

风向标

天气预报

日光反射信号器

气象站

气象站

天气系统

　　大气在不断地变化，但是大气中的温度、气压和风是可以测量的，这些因素成为衡量天气的要素，我们把这称为天气系统。

　　◀ 气象检测系统监测天气变化和分布的高压、低压和高压脊、低压槽等具有典型特征的大气运动系统

note 知识小笔记

　　掌握了天气变化的规律，人们就可以准确地预报天气了。

气压与天气

　　世界各地气压或多或少都有差别。如果一团大气的气压高于四周区域，就叫作高压；大气中心气压低于四周区域的叫低压。为了保持平衡，高压和低压总是不停地移动，天气也随之发生变化。

在高气压区，空气向地面下沉并扩散，同时吸收水分，通常会出现晴天

在低气压区，空气上升并凝结成云

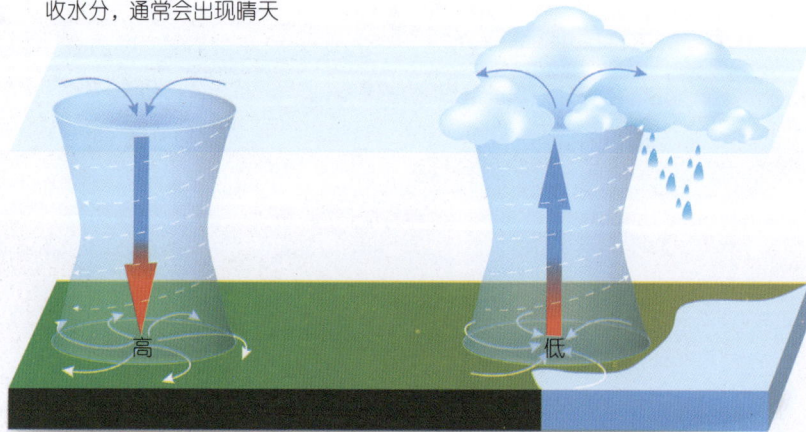

高

低

气象卫星

气象卫星是一种人造地球卫星，它从高空对地球进行气象观测，为我们提供海洋、高原、沙漠等全球范围的气象观测资料。与太阳同步的气象卫星绕地球1周大约需要100分钟。

▲ 气象卫星进行专门的探测，向人类传达关于天气的讯息

气团

气团就是大块性质接近的空气团。气团在经过陆地或海洋上空时，往往会受到陆地或海洋的影响，变成暖气团或冷气团，干燥的气团或潮湿的气团。一些大型气团覆盖的范围有时可达100万平方千米。

动物晴雨表

许多动物对天气变化会迅速做出反应。比如，蜜蜂在晴天会争先恐后飞出蜂箱采蜜，阴雨天却迟迟不肯离开蜂箱；如果蚂蚁往高处"搬家"，说明不久就要下大雨了，如果它们往低处或者河边"搬家"，那就表明要大旱了。

▼ 各种气团的分布和特点

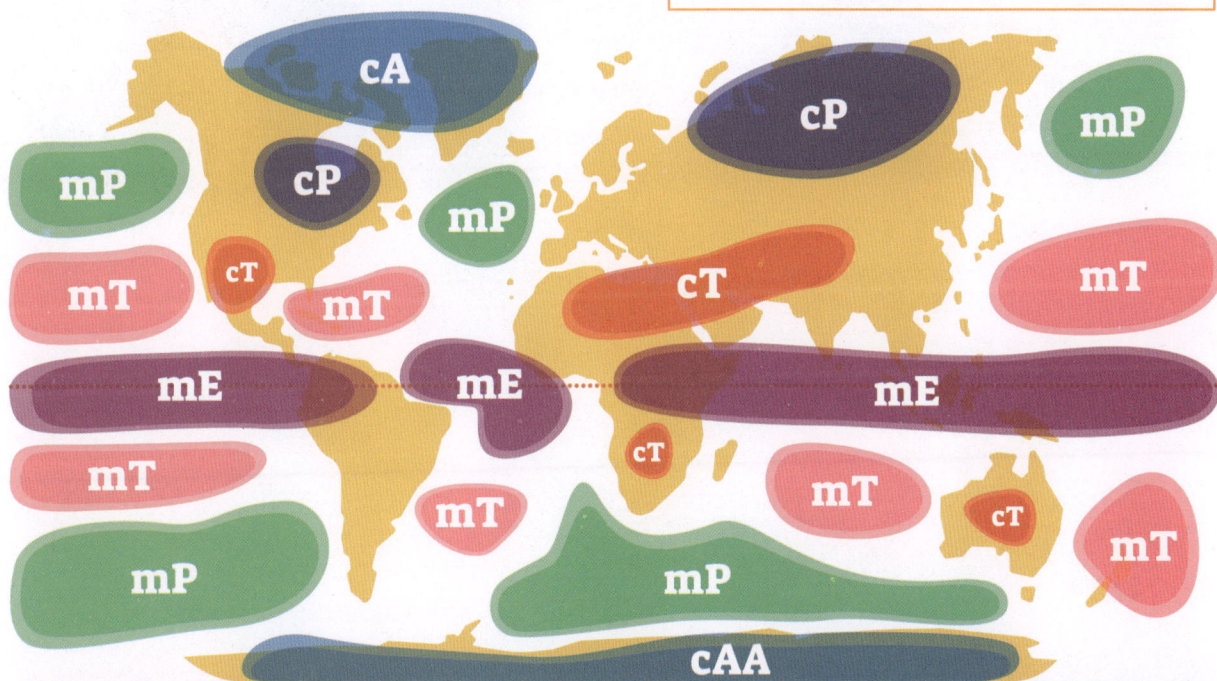

mT	mE	mP	cT	cP	cA cAA
热带海洋气团	赤道海洋气团	极地海洋气团	热带大陆气团	极地大陆气团	南极北极大陆
潮湿温暖	湿热	潮湿寒冷	干燥温暖	干爽、冷	干燥、极寒

气　候

地球上的气候种类很多，一个地区的气候常常是多种条件综合作用的结果，不过这些多样的气候类型大体上遵循着从南到北、沿纬度圈排列、呈带状分布的规律。

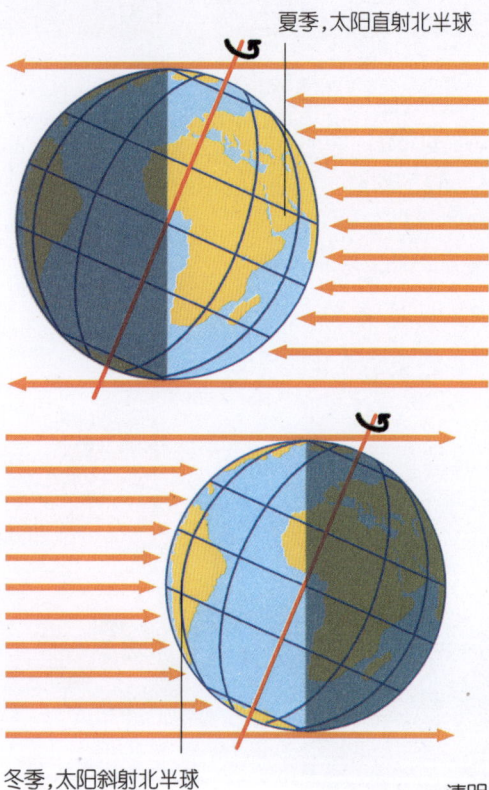

夏季,太阳直射北半球

影响气候的因素

地理位置是影响气候的主要因素。距赤道远近决定了一个地区的气候，靠近赤道的地区气候炎热，远离赤道的地区气候寒冷。此外，距离海洋的远近和海拔高度也是影响气候的重要因素。

气候的由来

人类很早就有关于气候现象的记载。比如，中国在秦汉时期就有二十四节气、七十二气候的完整记载。在西方，"气候"一词源自古希腊文，是倾斜的意思，指各地气候的冷暖同太阳光线的倾斜程度有关。

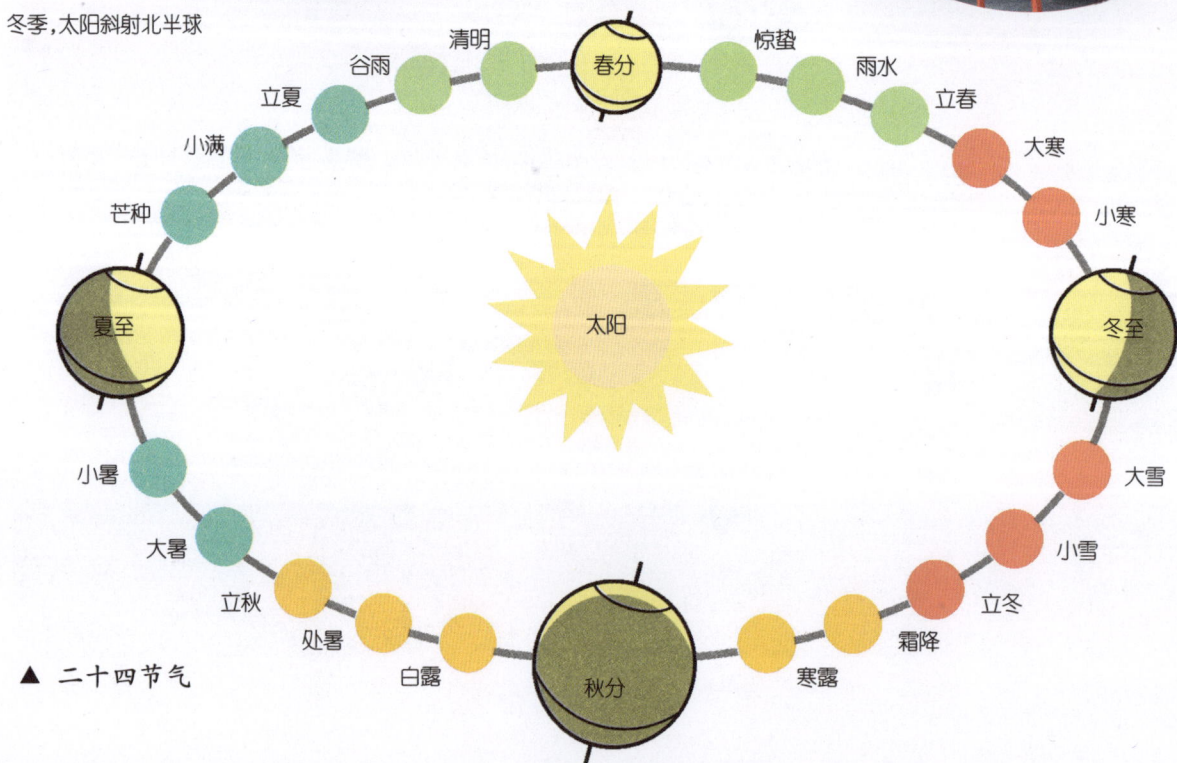

冬季,太阳斜射北半球

春分　惊蛰

清明　雨水

谷雨　立春

立夏　大寒

小满　小寒

芒种

夏至　　太阳　　冬至

小暑　大雪

大暑　小雪

立秋　立冬

处暑　霜降

白露　寒露

秋分

▲ 二十四节气

周期变化的气候

气候和季节的联系非常紧密，不同季节的气候也不一样。和季节一样，气候也是循环变化的。比如在温带，冬天气候寒冷，到了夏天气候就变得炎热，下一个冬天时，气候又变得寒冷。

人类活动与气候

人类的活动与气候关系密切，人类的生产生活会在一定的区域范围内改变气候状况。一般情况下，人类会使气候向着更糟糕的方向变化，这样的气候会对人类造成危害。

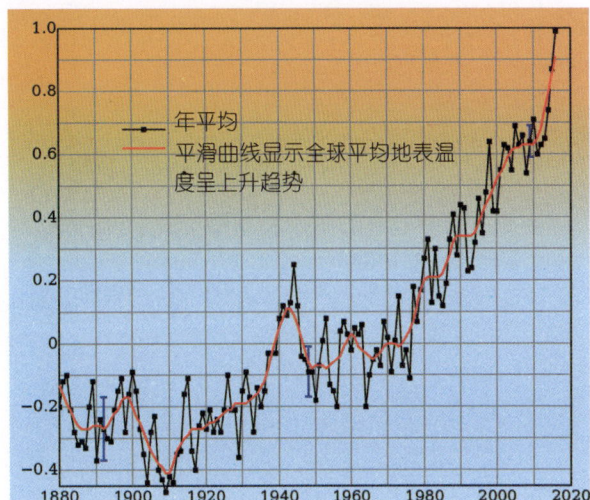

▲ 1880 年以来全球平均地表温度变化

◀ 四季不同的气候

▼ 吐鲁番

▼ 漠河镇

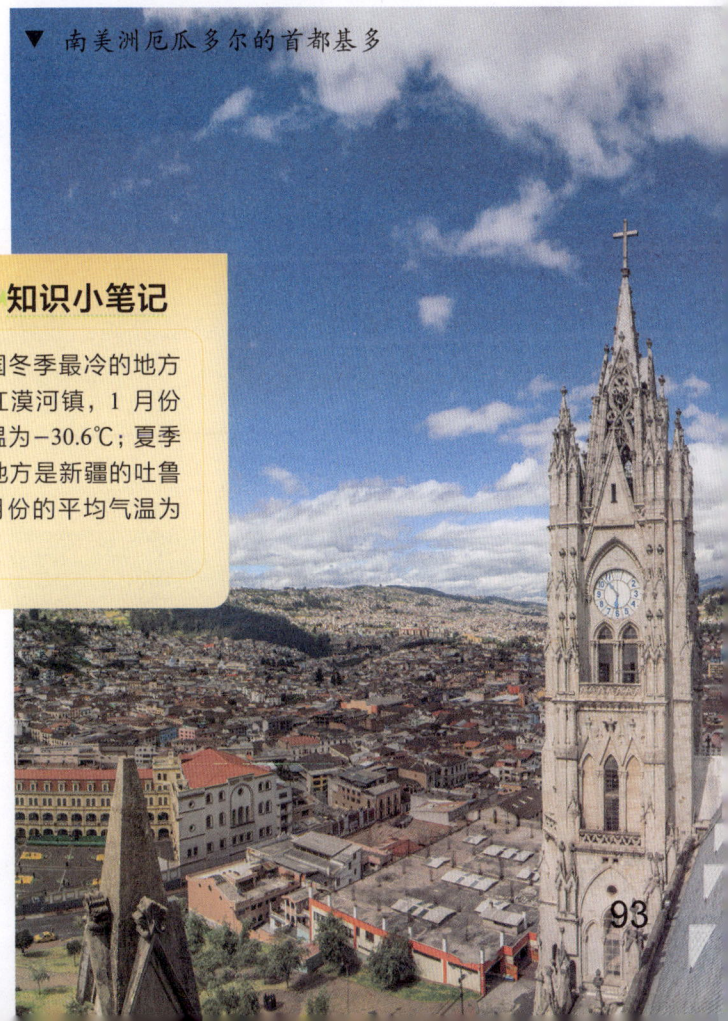

▼ 南美洲厄瓜多尔的首都基多

note 知识小笔记

我国冬季最冷的地方是黑龙江漠河镇，1 月份平均气温为−30.6℃；夏季最热的地方是新疆的吐鲁番，7 月份的平均气温为 33℃。

世界上温差最小的地方

基多是南美洲厄瓜多尔的首都，这里年平均气温为 14℃，最冷月与最热月的平均温差只有 0.6℃，是世界上年温差最小的地方。

气候带

因为太阳照射的不均匀，气候随着地球纬度的变化而有规律地改变。在赤道附近地区，气候炎热，称为热带；紧挨着热带的是温带；接近极地地区的气候寒冷，称为寒带。

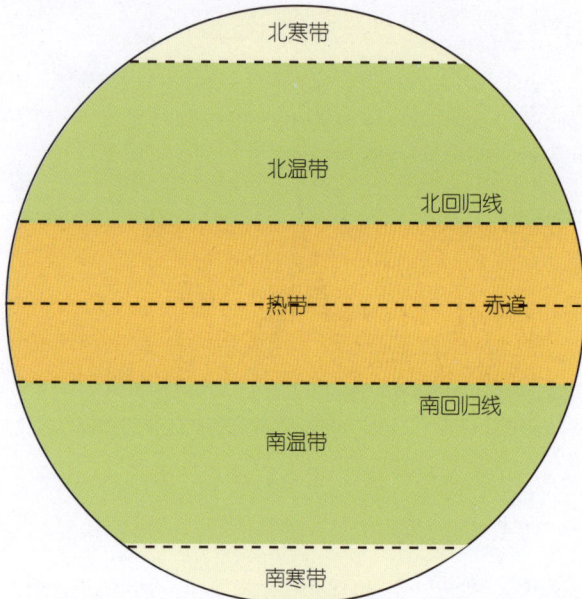

北寒带
北温带
北回归线
热带 赤道
南回归线
南温带
南寒带

▲ 气候带

▼ 世界气候带地理矢量采集

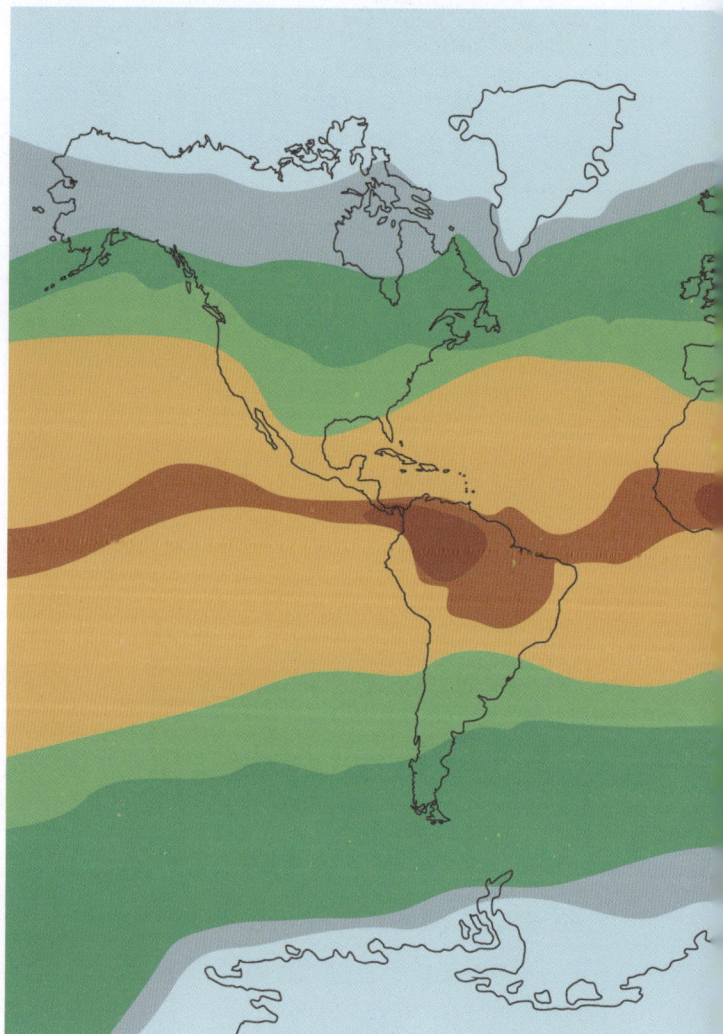

热带

热带是纬度最低的一个气候带，它在赤道附近，年平均气温很高，空气湿润。在热带，海洋面积十分广阔，这里也是全球雨水的主要来源地。

▼ 热带位于赤道附近，潮湿温暖

94

极地气候　亚极地气候　温带气候　亚热带气候

▲ 北温带四季分明

温带

北温带位于北纬 66°5'到北纬 23°5'之间，这里四季变化明显，主要是大陆性气候；南温带位于南纬 23°26'到南纬 66°34'之间，虽然海洋在南温带占有大片区域，但这里的气候总体来说比较干燥。

北寒带

从北纬 66°5'一直到北极点，这个范围就是北寒带。北寒带的气候寒冷干燥，在靠近温带的地区有植物分布。但在北极附近，几乎没有植物可以生存，因为那里的温度实在太低了，任何一滴淡水都会被冻结成冰。

▼ 北极苔原

南寒带

南寒带位于南纬 66°34'和南极点之间。南极大陆位于南寒带腹地，它的周围都是海洋。南极大陆气温极低，只有一些寒带动物在南极大陆边缘生存，例如帝企鹅。

▼ 帝企鹅

95

热带气候　　　　次生气候　　　　赤道气候

变化的气候

气候并不是固定不变的，在一些因素的影响下，气候也会改变。但是不像天气那样，气候的改变是需要很长时间的。比如，从一个雨水充沛的地区变成干旱地区，可能需要上千年的时间。

冰雪覆盖的时期

大约200万年前，地球上的气温非常低，地球的大部分表面都被冰雪覆盖，严寒包围着整个地球。只有很少的植物和动物能够在赤道附近这个狭窄区域里生存。

▶ 地球上的冰河时期（想象图）

温暖的时期

大约在一万多年前，地球重新恢复正常，气温也迅速地增加。这个时候地球又成为一个适合生命生存的温暖星球，直到今天依旧如此。

▶ 繁荣温暖适合生命生存的地球

多变的天气

　　和史前相比，地球气候从第四纪冰川期以来变化十分剧烈，冰川时期结束后，地球的温度在升到一定高度后，就开始持续降低，而从 200 年前开始，地球的温度又开始升高。

◀ 人类活动是导致地球气温逐渐升高的重要原因

▶ 洪水泛滥

洪水泛滥的时期

　　在大约 4000 多年前，地球气候温暖、空气潮湿，因此经常暴发洪水，给当时的人类带来很多麻烦。许多古老的神话和传说都记载了史前的大洪水，而且一些证据也证明这些洪水的确发生过，这也是当时气候剧烈变化的一个证据。

> *note* **知识小笔记**
>
> 　　温带草原的气温一直在降低，迫使很多动物都迁徙或消失了。

沙漠的出现

　　撒哈拉沙漠本来是一个有大量水和植被的地方，但是因为这里的气候越来越干旱，最后所有的植被都消失了，到现在只剩下了庞大的沙漠。但这里的地下水蕴藏量很丰富，足够全世界人类饮用 5 年。

▼ 撒哈拉沙漠

气候和生物

天气的变化会使动物们采取一些行动，以躲避恶劣天气带来的灾难。每当气候转变的时候，我们就会看到许多动物开始迁徙，有的是为了躲避严寒，有些则是为了追逐猎物，不管怎么样，气候对生物的影响非常大。

掉落的树叶

当秋天、冬天到来的时候，干燥的空气会从生物身上夺取水分，树叶就会脱落，吹过来的秋风也会使这些叶子脱落。

多雨的森林

一个地区的降水量是由这里的气候决定的。在降雨量多的地方，经常可以看到大片的森林，这是因为充足的雨水可以使更多的植物生长起来。

▼ 到了秋天，树叶会干枯变色

▲ 雨水充足时，树木长得茂盛

▼ 排成"人"字形飞行的大雁

南飞的鸟

　　每当秋冬季节，大雁就从老家西伯利亚一带，成群结队、浩浩荡荡地飞到我国南方过冬。南飞的大雁总是排成"人"字或"一"字形飞行，这与上升的气流有关，排成一列可以使它们利用气流保持队列的整齐，不至于掉队，而且也更省力。

▲ 迁徙季节，鸿雁常常数十、数百，甚至上千只聚集在一起活动

note 知识小笔记

　　气温在18~22℃的情况下，人的心情会很舒畅，工作效率也最高。

▼ 温度低至零下的时候，熊就会冬眠

▼ 舒适的温度下，工作效率会变高

海风中的鸟

　　当海上风暴来临之前，海燕等海鸟就会在高空中飞行，并不断地鸣叫，以预示风暴的来临。因此，海边的人都把海燕当作风暴的信使。

▶ 海燕自水面掠过

99

人对气候的影响

近 200 年以来地球的温度一直在增加，这几乎全是人类造成的。因为人类排放的二氧化碳具有保温的作用，使地球的温度猛烈地升高，改变了地球的气候，也给人类自身带来了灾难。

▲ 冰川融化对全球的影响是一个经常被谈论的话题，而且目前冰川融化的趋势依旧严峻

两百年前的气候

200 年以前，地球上还没有大量的工厂，当时全球的气温正在持续降低，欧洲一些地方的山顶上还存在大量的冰川和雪。不过，随着工业化的到来，这种气候逐渐被改变了。

note 知识小笔记

1992 年 6 月，世界各国首脑共同签署了联合国《气候变化框架公约》。

变小的极地

全球温度不断升高对极地也产生了很大影响，极地的冰雪开始大量融化。因为极地是靠着大量的冰雪堆积起来的，融化的冰雪使极地的区域变小。

▶ 南极变暖概念图

带来灾难

气温升高使许多雪山被雪覆盖的区域正在变得越来越小，给人类居住的大陆也带来了灾难，高温使一些地方更加干旱，而有的地方的降水量却增加了，不断地暴发洪水和泥石流等灾难。

▲ 洪水淹没了房屋，阻断了交通

温度逐渐升高

随着工业文明的发展，大批工厂拔地而起。这些工厂不断地向大气中排放二氧化碳，使空气中二氧化碳的含量越来越多。由于二氧化碳会阻止地球把阳光反射到太空中去，所以地球的温度开始逐步升高。

▲ 工厂排放到空气中的二氧化碳气体使全球气温不断上升

阻止地球变暖

现在人类已经知道了二氧化碳会使气温升高，所以国际组织呼吁人们，要减少空气中二氧化碳的排放量，使地球的气温不再增长。

▼ 抑制全球变暖，我们可以通过减少各种温室气体排放、保护森林植被、节约资源，以及使用清洁能源等措施来实现

101

不同的季节

　　我们知道地球上有不同的季节，每个季节的气候和天气也各不一样。春天的时候天气温暖，夏天天气炎热，秋天天气开始转冷，而冬天的天气非常寒冷。季节对天气有很大的影响，也影响着人们的日常生活。

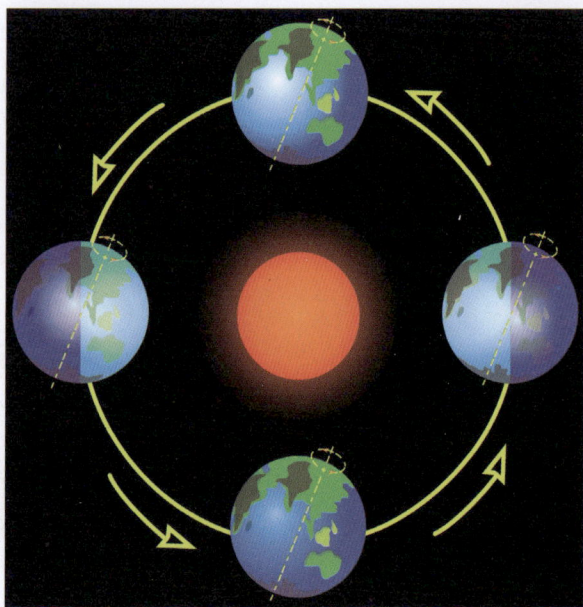

◀ 地球的公转产生了四季

循环的季节

　　因为我们的地球在太空中围绕太阳旋转，所以地球上的气候也是循环变化的。春天，阳光开始向北半球移动，气温也开始升高，天气变得越来越暖和；到了秋天，阳光开始向南移动，天气开始变冷。

▼ 不同的季节，其气候有较大的差异性，主要表现在气温、降雨量等方面，这些差异的主要成因就是日照的多少不同

寒冷和炎热

　　在冬天的时候，地球虽然离太阳近一些，但是我们北半球却是斜对着太阳，因此天气十分寒冷；而在夏天，北半球面向太阳，所以十分炎热。

▼ 我国认为四季有不同的特性，分别是"春生""夏长""秋收"和"冬藏"。即万物在春天出生、在夏天成长、在秋天收成（成熟）和在冬天藏起来（动物冬眠、植物落叶）

note **知识小笔记**

"六月的天，孩子的脸"这句话很好地描述了夏季天气的多变性。

天气

梅雨季节

每年六月中旬到七月上旬前后，我国的东南部就会进入梅雨季节。这个季节的特点是：天空连日阴沉，降水连绵不断，时大时小，而气温也变得越来越热，空气越来越潮湿，持续时间特别长的梅雨还会造成洪水的泛滥。

▲ 梅雨季节

炎热的圣诞节

当北半球的人们在白雪皑皑的冬天夜晚欢快地庆祝圣诞节时，南半球的人们也在庆祝圣诞节，不过他们那里是夏天，人们是在炎炎夏日过圣诞节的。

▶ 澳洲圣诞节

103

守时的季风

到了一定时期，地球上一些地方就会刮起季风。季风和季节有很大关系，也和区域的位置有关，并且它会对一个地区的气候产生很大的影响。因此，季风成为气候学家们研究的重要目标。

冷空气团

暖空气团

暖空气　暖空气团　冷空气　冷空气团

冷暖空气之间的较量

季风是由于冷暖空气之间互相推挤造成的。相对于普通的风而言，季风持续的时间更长，这是因为冷暖空气之间的较量是发生在大陆冷空气团和海洋暖空气团之间的。

夏季季风

每当夏季到来时，气温开始升高，于是海洋上空暖空气的力量开始增加，并冲向大陆。这个时候我们就可以感觉到温暖的东南风，这就是夏季季风。

冬季季风

当寒冷的冬季到来以后，冷空气团的力量增加了，于是它们就开始从遥远的北方向海洋流动，形成冬季季风，冬季季风使气温降低。

◀ 大陆冷空气团和海洋暖空气团互相推挤

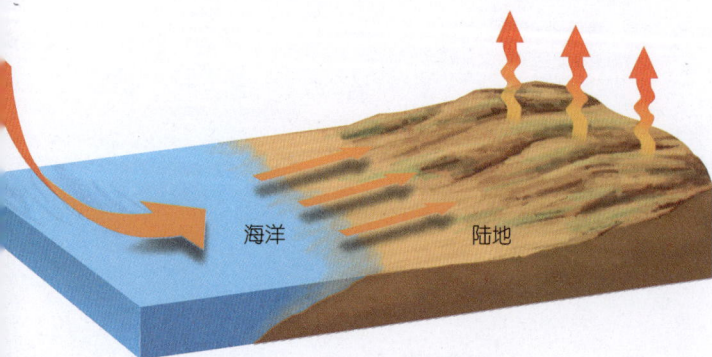

▲ 夏季季风示意图

▲ 冬季季风示意图

地球百科

季风显著的区域

西太平洋、南亚、东亚、非洲和澳大利亚北部，都是季风活动明显的地区，尤以印度季风和东亚季风最为显著。每到夏季，季风带来充沛的降雨，使植物能够充分生长；到了冬季，寒冷的季风使这里的温度明显降低，植物也进入了冬眠时期。

▶ 热带季风国家每年80%的降水都集中在6~10月间

大洋上的季风

海洋上的季风对人类有很大的影响。在大航海的时代，船长们都选择在合适的季风季节里启航，这样才能顺利到达目的地。比如，明代郑和下西洋有6次是在东北季风季节出发，在西南季风期间归航的。

▲ 明代郑和下西洋充分说明了古人对季风活动规律已经有了深刻的认识

天气

note 知识小笔记

季风在夏季由海洋吹向大陆，在冬季由大陆吹向海洋。

▼ 人类早期利用季风实施航海活动，取得过辉煌的成就

季风和洋流

在季风的吹拂下，海洋表面的水沿着固定的方向流动，形成洋流，洋流可以分为暖流和寒流。因为地球上大陆分布不一样，因此每个大洋上的洋流也不一样，有的洋流是从东向西流，有的却是从南向北流。

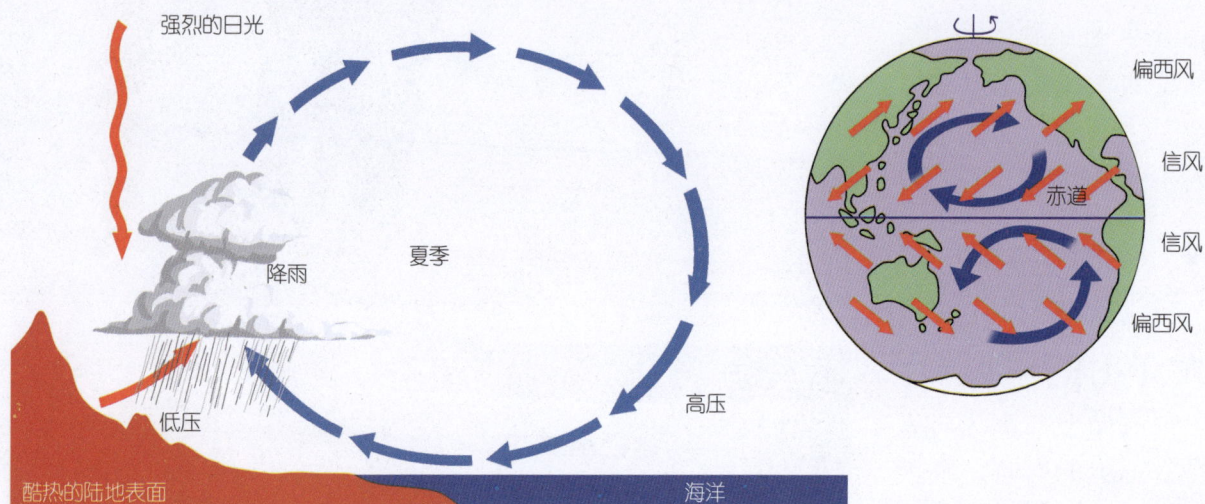

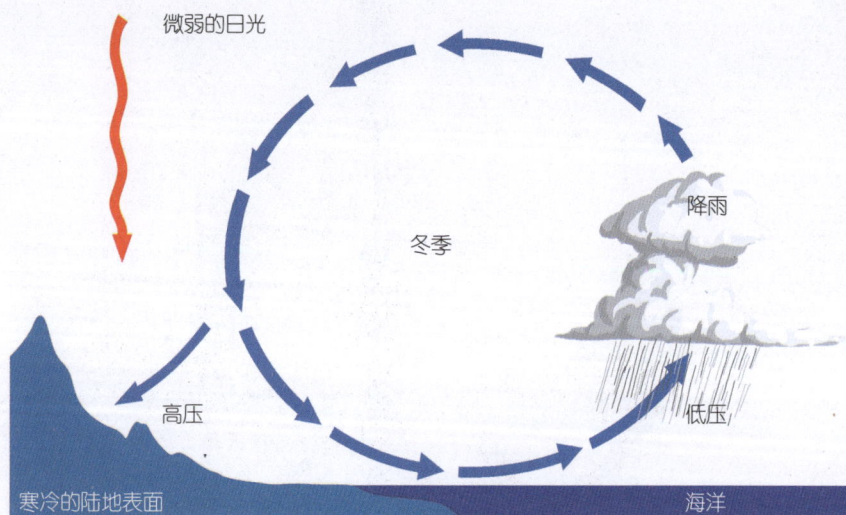

强烈的日光

降雨

夏季

高压

低压

酷热的陆地表面　　　　海洋

偏西风

信风

赤道

信风

偏西风

微弱的日光

冬季

降雨

高压

低压

寒冷的陆地表面　　　　海洋

知识小笔记

季风区最突出的气候特征就是雨热同期，这有利于农作物和森林的生长。

◀ 海上终年盛行稳定的信风，信风常将海洋的暖湿空气带往陆地，使当地的气候变得暖和

跟着季风走

洋流不仅能够调节温度，而且还可以使地球上各大洋之间的海水得到交换。虽然海洋深处的水很难产生大规模运动，但是海洋表面的水却可以运动。每当海洋上空的季风吹向大陆的时候，它们就会跟着季风一起流动。

秘鲁寒流

在南美洲西岸的太平洋上，在信风的吹拂下，一股寒冷的洋流沿着固定的路线流动，这就是秘鲁寒流，它使秘鲁附近的海域成为世界上最著名的渔场。

◀ 秘鲁渔场

▶ 直布罗陀海峡在水面以下至400米海水向东流，400米以下海水向西流，这就形成了密度流

地中海洋流

地中海也会受到季风的影响而流动，不过地中海的海水密度比大西洋的高，因此两个水域会经过直布罗陀海峡交换海水。

不同季节的洋流

季节不一样，季风的方向当然也不一样，洋流也随着季节的变化改变自己的方向。比如，在太平洋上，夏季洋流从西向东流，而在冬季则从东向西流。

热水

冷水

▲ 洋流可以分为暖流和寒流。若洋流的水温比到达海区的水温高，则称为暖流；若洋流的水温比到达海区的水温低，则称为寒流

107

暖锋

当气温开始转暖的时候，一大团被太阳晒得暖烘烘的潮湿空气会离开自己的老家，向着还被寒冷干燥的空气统治的地区前进。这时候，在暖湿空气团和冷空气接触的地方就会产生暖锋。

暖锋来了

在天气预报的气象图中，如果我们看到一条带有红色突起半圆的线，那就表示暖锋就要来了，这个时候人们就要注意，天气要发生变化了。有的时候，暖锋带来了大量的水汽，但是气温并没有增加多少，在早上气温较低时还会出现雾气。

风传递的信息

当暖锋要来临的时候，它会派风给我们带来信息。随着暖锋的到来，风也变得越来越强烈，在海面上刮起风浪，或者把树枝吹得左右摇摆。

◀ 暖锋来临前，风会带来信息

来自天空的预告

当你在天空中看到一些类似羽毛的卷云，那就是暖锋要来临时的预告。不久，这些云就会变成像棉絮一样的高积云。

note 知识小笔记

我国的江淮流域和东北地区在春秋季节常出现暖锋，黄河流域在夏季多出现暖锋。

▶ 暖锋过境时，温暖湿润，气温上升，气压下降，天气多转云雨天气。与冷锋相对，暖锋比冷锋移动速度慢，可能会出现连续性降水或雾

◀ 卷云

层积云

暖空气

暖锋

在春天出发

在暖锋的影响下，空气会比较潮湿，常产生层积云和积云。在春天，气温已经升高了，暖湿气团的到来会给经历了干燥冬季的地方带来降水，但如果这里的气温还是比较低，那也可能会下雪。

▲ 春雪

稀少的春雨

暖锋虽然会带来一些降水，但是这时空气还是比较干燥的。在春天，下雨的日子并不多见，所以说"春雨贵如油"。不过，此时天气温度不是很高，水分蒸发也比较慢，所以土壤不至于太缺水。

▲ 春雨滋润着大地

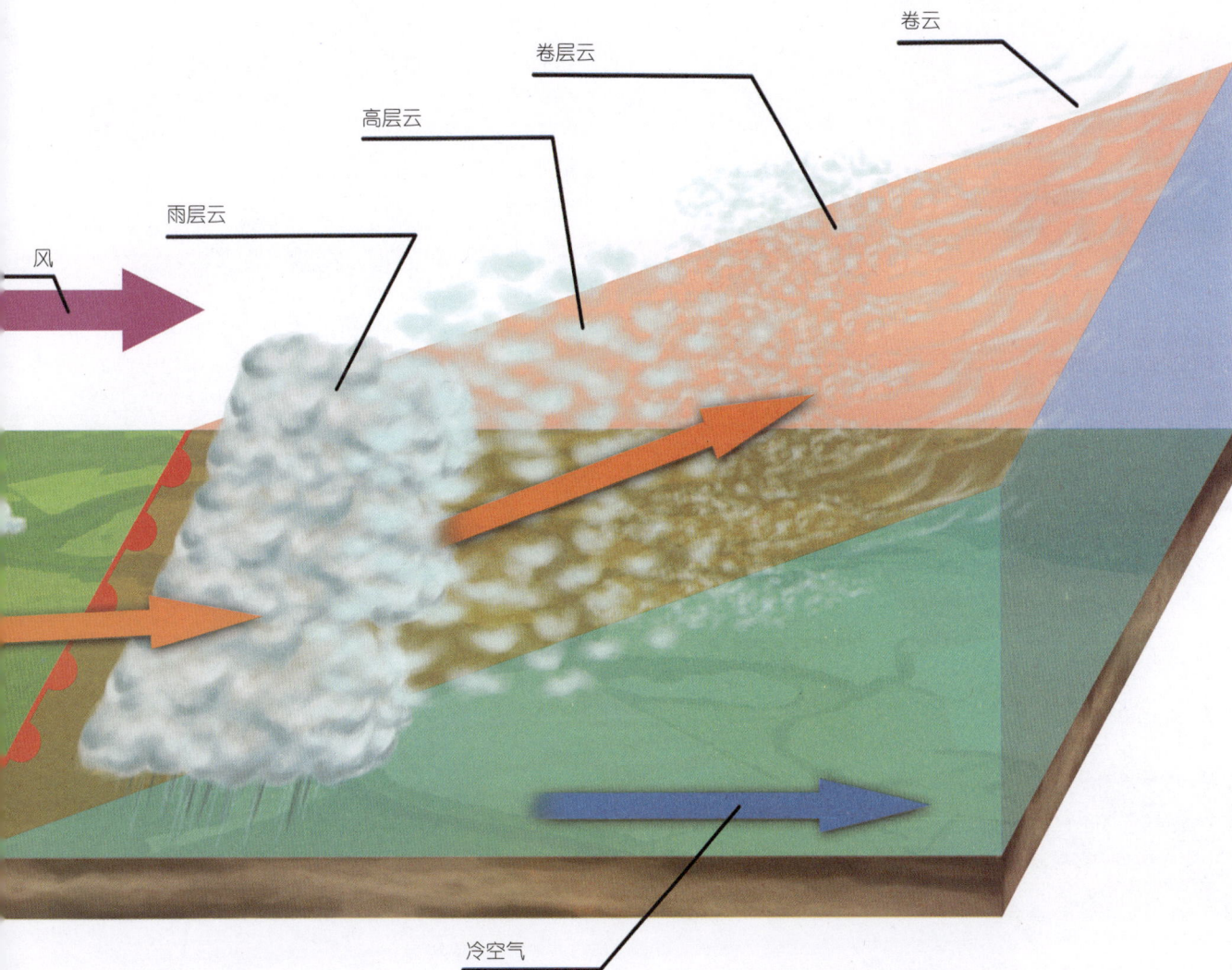

卷云

卷层云

高层云

雨层云

风

冷空气

冷 锋

地球百科

到了晚秋季节，气温开始下降，这个时候干燥寒冷的冷空气团也开始从北极圈出发，向着南方吹来。冷空气团会形成一个锋面，这个锋面就是冷锋。冷锋的到来会使天气不断变冷，并为我们带来秋雨等天气。

冷锋的表示

在天气预报的气象图中，如果我们看到气象图上有一条带有蓝色三角的线，这就是冷锋的标志，有时候也代表一团冷空气的到来。

▶ 冷锋标志

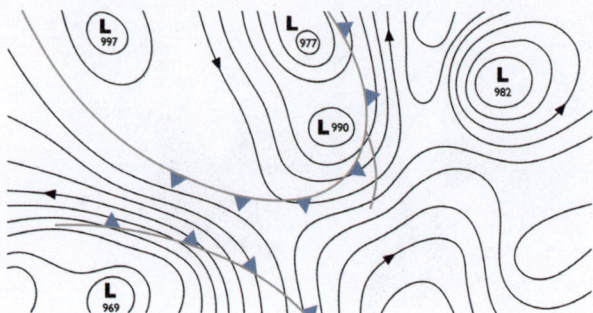

▼ 冷锋示意图

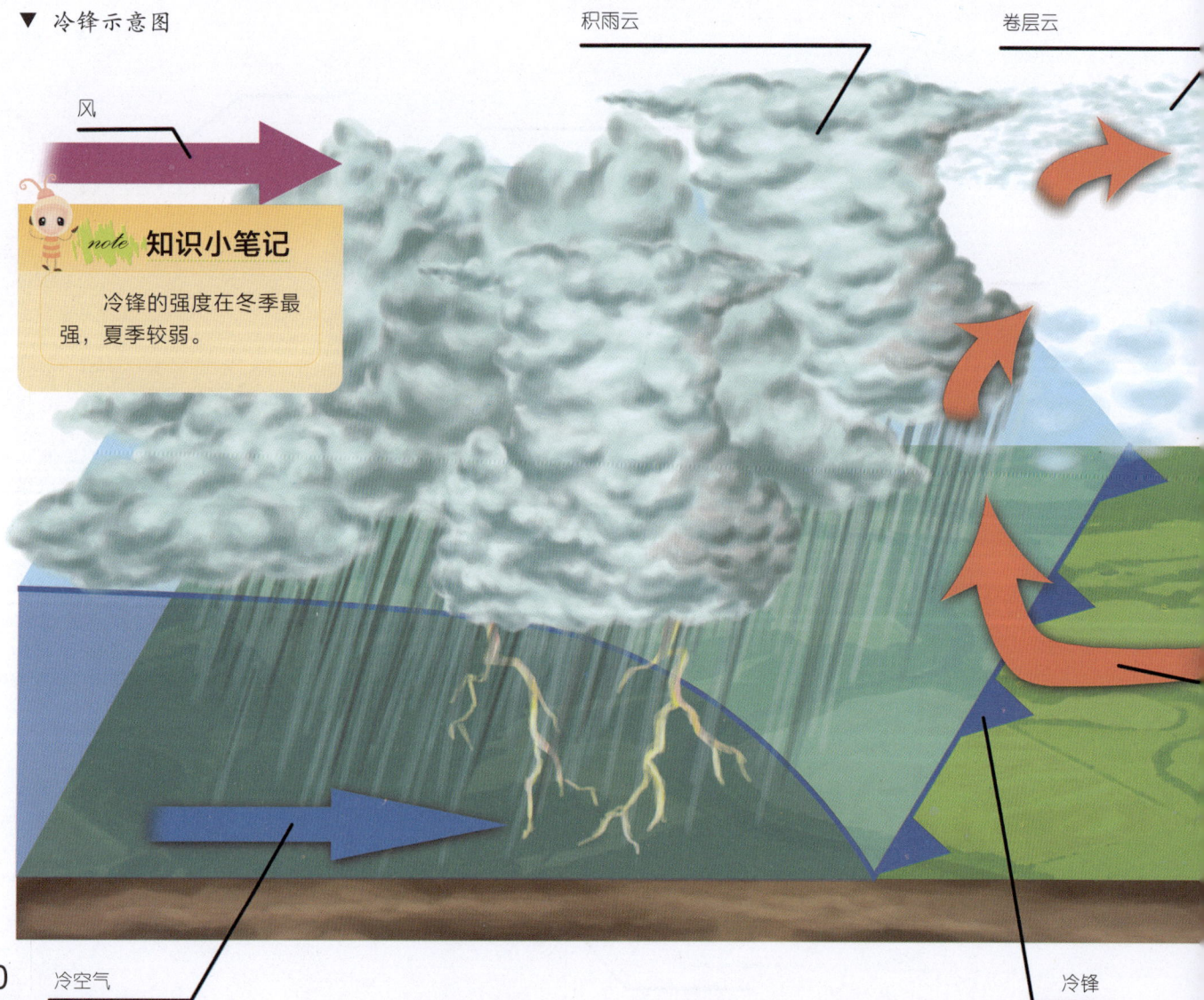

积雨云

卷层云

风

note 知识小笔记

冷锋的强度在冬季最强，夏季较弱。

冷空气

冷锋

移动缓慢的冷锋

在冷锋到来之前，天空中会出现卷层云，这表示冷锋就要来了。冷锋在产生的初期移动得很缓慢，这样暖湿的空气就会被它挤到高空中形成云，并会产生降水。

▲ 卷层云

移动快的冷锋

等天气完全变冷以后，这时候冷锋看起来就像一个脾气暴躁的人。它以很快的速度冲过来，带来狂风和更低的温度。人们会感到气温骤然下降了，很不适应，我们不得不穿上厚厚的衣服抵御突然到来的寒冷。

▲ 冷锋来临，气温会下降，让人有些不适应

卷云

高层云

暖湿气流

吹落叶子的秋风

秋天的冷锋到来时，强烈的风总是会同时出现。这些秋风吹过树林，把树叶从树枝上吹下来，树叶会陆续落到地面。几天工夫，强劲的秋风就会把树枝吹得光光的。

▶ 秋天，气温下降，树叶开始变黄掉落

111

下雨多的地方

虽然在地球的每个角落都会下雨，但是每个地方每年的降雨量是不一样的。有的地方降雨量很多，由此被人们称为雨都，这些地方大多集中在气团交界区域，无论是在海边，还是在大陆内部，它们每年都被大量的雨冲刷着。

降雨量

下雨的时候，你可以在外面放一个有刻度的杯子，这样就可以测量这次的降雨量。对一个地方来说，每年的降雨量要在 30 厘米以上，才能满足生物的需要。

◀ "降水量"是气象术语。按气象观测规范规定，气象站在有降水的情况下每隔六小时观测一次雨量测量器，其精确度为 0.2 毫米

知识小笔记
note

热带雨林的降雨量充沛，所以植物生长得非常茂盛。

不散的云

在地球上一些地方，因为地形或者其他原因，常年飘着云层，这些云带来了非常多的降雨，甚至可以把这个地方变为沼泽地。

▼ 沼泽地表及地表下层土壤经常过度湿润，因此地表生长着湿性植物和沼泽植物；热带雨林雨量充沛，是世界上大于一半的物种的栖息地

降雨最多的季节

"雨季"是指每年降水比较集中的湿润多雨季节。我国是一个季风气候明显的国家，春末和秋天是降雨量最多的季节，一年中大部分的雨都是在这个时候降下的，其降水量约占全年总量的70%。

▲ 中国南方雨季

▲ 孟加拉国雨季

亚洲大陆的多雨之地

在亚洲大陆上，孟加拉国是一个降雨量非常多的国家，有人开玩笑说这里一年当中有半年是在水上漂着。孟加拉国大部分地区属亚热带季风气候，年平均降雨量达1300~2500毫米，6~10月是雨季，雨量占全年的80%。

▶ 英国是温带海洋性气候，全年温和湿润，受盛行西风影响，气旋频繁过境，造成全年多雨

多雨的英国

英国是一个靠近欧洲大陆的岛国，因为处于大西洋边缘，这里的雨很多。伦敦一年四季几乎都在下雨，并常有大雾天气，因此伦敦也被称为"雾都"。

天气

113

晴朗的天气

在晴朗的日子里，我们会看到天空的颜色在变化。随着太阳在天空中位置的变化，天空中也会出现不同的色彩，从早晨的青色，变为中午的蓝色，再到晚上的火红色……晴朗的天气会给我们带来愉快的心情。

稳定的空气

在晴朗天气的日子里，空气运动得比较平稳，没有猛烈的大风和乌云。当一个地方被稳定的空气控制了以后，晴朗的日子就会变得多起来。

早晨

在一个晴朗的早晨，如果你起得比太阳还要早，就会发现东方的天空慢慢地从黑色变成青色，然后逐渐地变亮了。当太阳出来的时候，它附近的区域也可能会变成红色，不过在天亮以后，天空就全部变成了蓝色。

▼ 明媚的天空偶有和风吹来，让人觉得非常舒服

▼ 晴天日出

▲ 晴天中午

▼ 晴天黄昏

note 知识小笔记

空气可以使阳光分散和改变传播方向，因此我们才看到了天空中不同的色彩。

中午

到了中午，太阳升到了一天中最高的位置，这个时候天空的颜色是迷人的深蓝色。实际上，阳光中包含各种色彩，但是空气喜欢散射蓝色的光，所以天空看起来是蓝色的。中午的空气最清新，在太阳照射下，地面空气受热上升，将污染物一起带向高空上方。

晚上

当黄昏到来的时候，太阳靠近地平线，这个时候天空的颜色开始向红色转变。在太阳下山的时候，整个天空都被阳光染成红色，这也是晴朗天气的象征。

晚霞

在日落的时候，如果太阳附近飘浮着一些卷云，这些云就会被大气折射过来的红色光照得通亮，成为美丽的晚霞。晚霞大多是偏向红色的，较高的云也可能会成为青色晚霞。

▼ 绚丽多彩的晚霞

山峰的气候

　　热带是一个气候炎热潮湿的地区，绝大部分热带地区不会出现自然产生的冰和雪。但是在高耸的山顶上，一切都与地面不同。山顶有着自己独特的气候，这种小区域气候环境不仅吸引着科学家，而且还吸引着众多的旅行者。

▲ 高山地区气温随海拔高度的升高而降低，由山麓到山顶，可出现由热带、温带到寒带的气候和植被变化

note 知识小笔记

　　乞力马扎罗山坐落于南纬 3°，距离赤道仅 300 多千米。

不一样的温度

　　如果你爬过山的话，那么就会有这样一种感觉：山顶的温度要比山脚的温度低。因为高度会影响气温，使山顶的气温和山脚下的气温变得不一样。

赤道上的雪山

　　位于非洲的乞力马扎罗山是一座海拔近 6000 米的山峰，以"赤道雪山"闻名于世。峰顶的气温在 0℃ 以下，所以这里的水都结成了冰，而且峰顶还经常下雪，把整个山顶都包裹起来。

▶ 乞力马扎罗山以"赤道雪山"闻名于世，远在 200 千米以外就可以看到它覆盖着积雪的山顶

干旱的山腰

在一座高山，我们常会发现山腰处十分干旱。因为山腰的温度低，空气干燥，降水也很少，所以这里是干旱的气候。

▶ 在高山地区，气候从山麓到山顶呈垂直变化，并有着不同的自然景观。高山下部的山坡上有树林覆盖，再往上是幼小、低矮的植物。到一定高度，植物已不能生长，山顶被冰雪覆盖

山脚的气候

在热带区域，山脚的温度和其他地方几乎一样，这里可能植被茂密，也可能很荒凉。当山顶的冰川融化后，流下的雪水会浇灌这里的植物，使生物得以生存。

▶ 山上盛开的野花

温度和高度

人们很早就发现随着高度的增加，气温就会慢慢降低。对于一座高山来说，这种情况更加明显。随着山峰高度的增加，空气变得越来越稀薄，气温也在降低。所以从山脚到山顶，我们会经历不同的气候。

高山层流石多，土质瘠薄，低矮丛生的小灌木取代了乔木的地位

中山层是树脂性森林生长的好地方

低山层有草地、庄稼、村庄和森林

▶ 在高山地带自海平面起，每升高 1000 米，温度则下降大约 6℃

117

卷云

卷积云

卷层云

积雨云

高层云

积云

层积云

雨层云

▲ 云的形状

云

云和风有着非常密切的关系。在太阳的照射下，含有大量水分的空气从水面升到高空之中，我们也可以说是风把这些空气带到了空中，使它们最终变成飘浮在高空的朵朵白云。

看云测天气

气象学家根据云的高度或外形，把云做了详细的分类，比如卷云、层云和积雨云，这些云的变化都是有规律的。通过对比不同的云，就可以对未来的天气进行预测，所以气象工作者常常通过观察云来预测天气。

▲ 云的颜色是由云的薄厚决定的，通常云越厚颜色越深

千姿百态的云

云没有固定的形状，它的形状是随时变化的，所以说云是千姿百态的一点儿也不为过。洁白、光亮、一丝一缕的云叫"卷云"；弥漫天空，均匀笼罩着大地，看不见边缘，这样的云叫"层云"；一堆堆、一团团拼缀而成并向上发展的云叫"积云"。

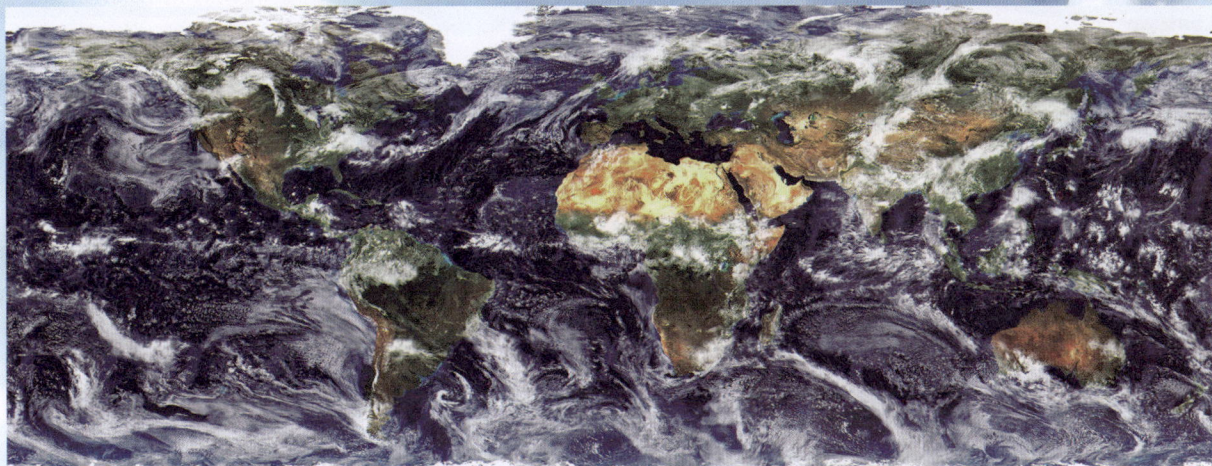

▲ 卫星照片上的云

运动的云

云是由轻飘飘的小水滴组成的，所以当风吹动的时候，云就会移动。从卫星照片上，我们可以更清楚地看到云在移动。

◀ 积雨云

积雨云

有时候我们会看到一种好像山峰一样高耸的云，这种云叫作积雨云，它会给我们带来强烈的降雨。有的积雨云非常高，甚至比最高的山峰——珠穆朗玛峰还要高。

▶ 火烧云

火烧云

火烧云是日出或日落时出现的红色云霞，它常出现在夏季，特别是在雷雨之后的日落前后。由于地面蒸发旺盛，大气中上升气流的作用较大，使火烧云的形状千变万化。火烧云的出现，预示着天气暖热，雨量丰沛，生物生长繁茂、蓬勃的时期即将到来。

note **知识小笔记**

天空中的云并不是空气团，它其实是一大团水。

119

风

　　风是大量空气向着同一个方向流动的时候产生的一种自然现象。风可以作为动力使用，很早以前人们就开始利用风力来做很多事情，如推动船只航行、用风车磨面及风力发电等。

风级

　　风的大小对人们的生活影响很大，为了测量风的大小，人们把风力分为0~12级，这就是风级。低级的风对于我们的生活没有太大的影响，但风力超过6级以上，就会对人们的生产生活造成很大的影响。

note 知识小笔记

　　飓风、龙卷风都会给人们的生活造成很大的影响。

▼ 风级和风速

无风

风速：小于1千米/小时

一级风

1~5千米/小时

二级风

6~11千米/小时

三级风

12~19千米/小时

四级风

20~28千米/小时

五级风

29~38千米/小时

六级风

39~49千米/小时

七级风

50~61千米/小时

八级风

62~74千米/小时

九级风

75~88千米/小时

十级风

89~102千米/小时

十一级风

103~117千米/小时

十二级风

≥118千米/小时

风车

风车是古代留传下来的一种既实用又有效率的重要工具。在几千年以前，中国、埃及和波斯都曾经使用过风车，它可以帮助人们做一些繁重的农活，如脱谷、磨面或灌溉等。

▲ 风车磨坊

风的来源

当相邻或接近的两个地方分别产生低压和高压气团的时候，空气就会从低压流向高压气团，这个时候在两个地区之间就会产生风，风的方向和两气团之间的位置有关。

低温的冷空气横向流入

地表的空气受热膨胀变轻而往上升

▲ 空气的流动产生了风

风力发电

风力发电具有成本低、无污染、取之不尽等特点，所以许多地方都建起了风力发电站。但这种无公害的能源也存在缺点，那就是风力不稳定，风向时常改变，能量无法集中。

▲ 风力发电

帆船

帆船是依靠风力来行驶的，帆板在前进时根据风向，需要不断调整帆的角度。因此，操纵帆船的人必须掌握各种技巧，才能乘风破浪。如今，帆船已经发展成为集娱乐性、观赏性、探险性、竞技性于一体的项目。

▶ 帆船是利用风力前进的船，是继舟、筏之后的一种古老的水上交通工具

飓 风

出现在大西洋和北太平洋东部地区强大而深厚的热带气旋被称为飓风，在西北太平洋和我国南海则被称为"台风"。飓风最大的风速可达 32.7 米/秒，风力达 12 级以上。

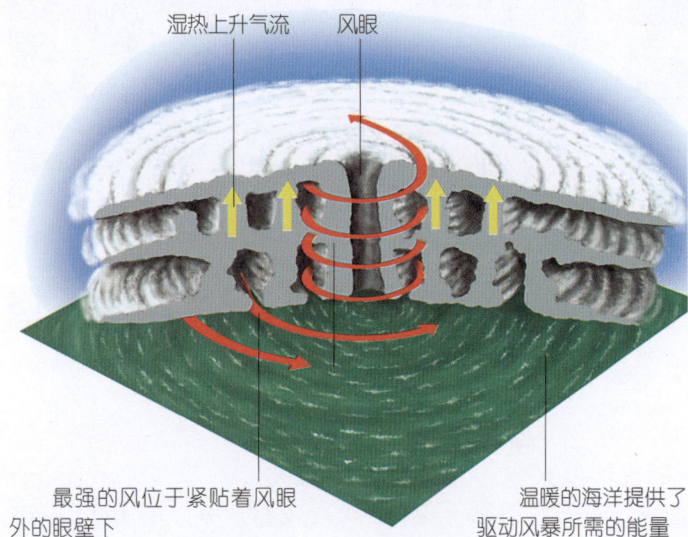

湿热上升气流　风眼

最强的风位于紧贴着风眼外的眼壁下

温暖的海洋提供了驱动风暴所需的能量

飓风的出生地

靠近赤道的热带海洋是飓风唯一的出生地。在这里有充足的阳光，空气中含有充足的水分，当热带海面上形成巨大的低压区的时候，周围的冷空气就会补充进去，形成飓风。

◀ 造成海面低气压区的温暖海水是飓风形成的关键因素

蓝 TYPHOON　黄 TYPHOON　橙 TYPHOON　红 TYPHOON

▲ 飓风预警信号共分4级，分别以蓝色、黄色、橙色、红色表示。台风红色预警信号表示6小时内可能或者已经受热带气旋影响，沿海或者陆地平均风力达12级以上，或者阵风达14级以上并可能持续

▼ 飓风常伴随强风或暴雨，是一种严重的自然灾害

降雨和灾难

如果飓风把水分带到干旱的草原或者荒漠里，那么它会为这里带来充足的雨水；但是飓风更喜欢把雨水抛洒在那些并不需要很多雨的地方，给那里造成很大的危害，严重威胁人们的生命安全，对于民生、农业、经济等造成极大的影响。

旋转的飓风

因为地球在自转，所以飓风在形成的时候就开始旋转了。飓风在北半球和南半球的旋转方向正好相反，在北半球飓风呈逆时针方向旋转；而在南半球则呈顺时针方向旋转。

▶ 飓风在大气中绕着自己的中心急速旋转，同时又向前移动

庞然大物

飓风的覆盖范围非常广泛，甚至要比整个英国还大。这样的庞然大物在海面上向陆地快速前进，必然会给陆地带来很大的灾难。

▶ 飓风对周围房屋的破坏

跟踪飓风

在以前，人们只能凭借经验来判断飓风是否会到来，而现在人们用人造卫星来跟踪飓风。观测飓风的去向，然后发出警告，人们便会提前做好防御工作。

▶ 气象卫星拍摄的飓风的生成过程及它在海洋上空的运动过程

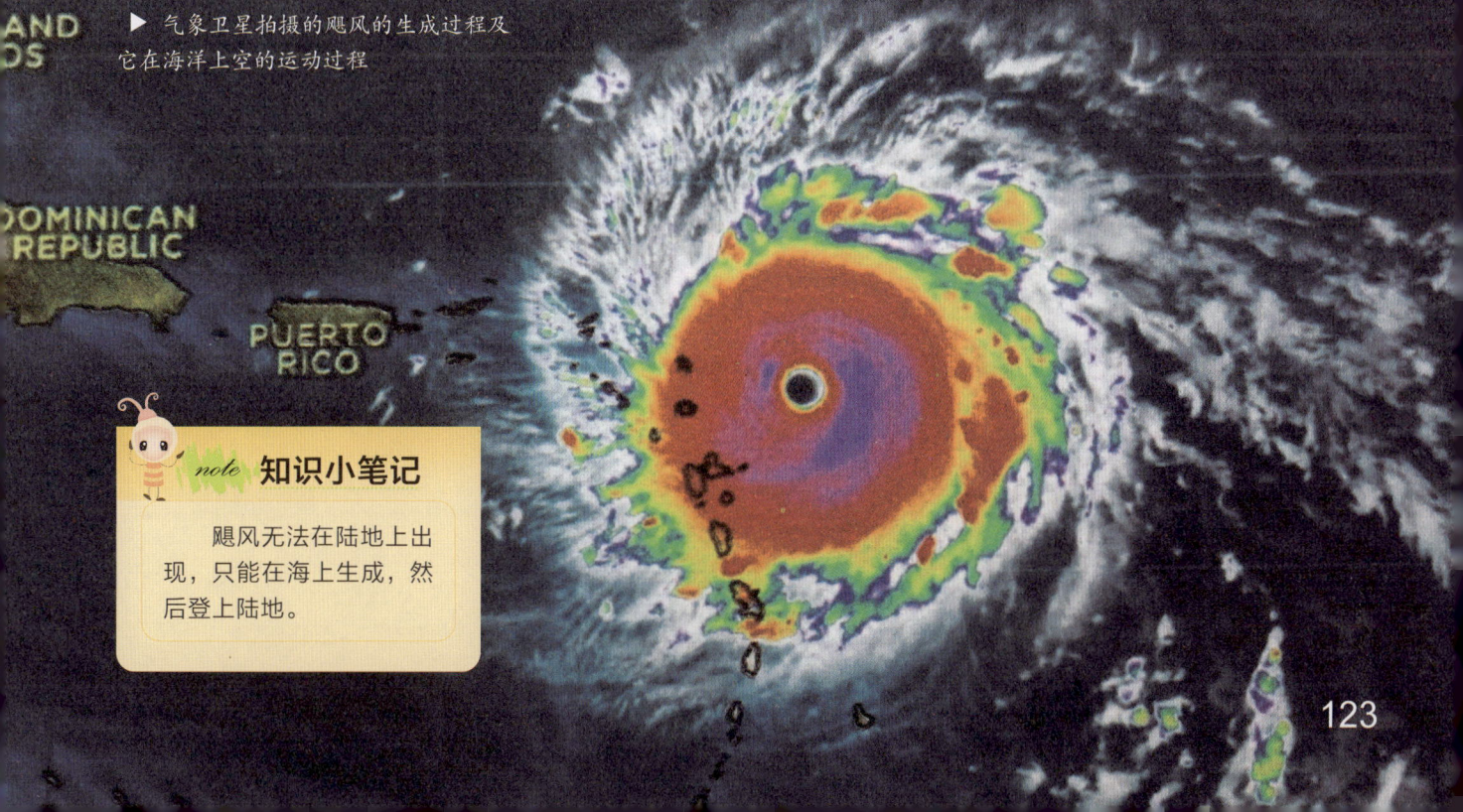

DOMINICAN REPUBLIC

PUERTO RICO

note 知识小笔记

飓风无法在陆地上出现，只能在海上生成，然后登上陆地。

123

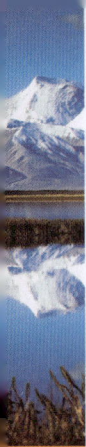

雨

　　雨是从云中降落的水滴，当云中的水珠凝结到足够大、无法悬浮在空中时，它们就会落下来，从而形成雨。雨水是人类生活中最重要的淡水资源，植物也要靠雨露的滋润而茁壮成长，但暴雨造成的洪水也会给人类带来巨大的灾难。

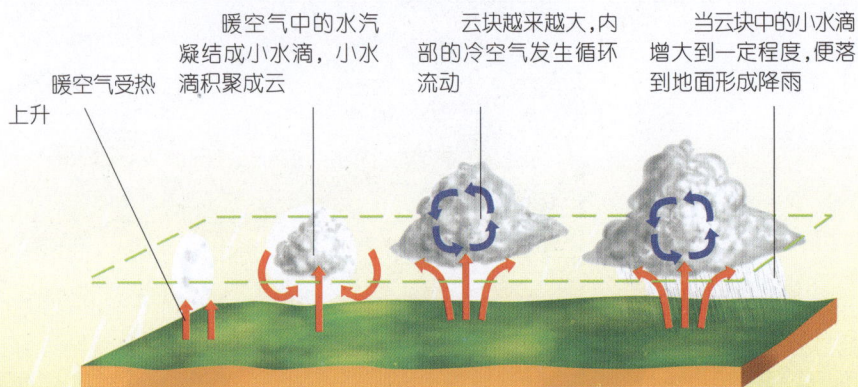

暖空气受热上升

暖空气中的水汽凝结成小水滴，小水滴积聚成云

云块越来越大，内部的冷空气发生循环流动

当云块中的小水滴增大到一定程度，便落到地面形成降雨

▲ 雨的形成过程示意图

雨量

　　气象学家用降雨量来衡量一个地区一次降雨的多少。日降雨量在 10 毫米以下的，就是小雨；10~25 毫米就是中雨；25~50 毫米为大雨，多于 50 毫米就是暴雨。

　▶ 暴雨是指大气中降落到地面的水量每日达到 50.1~100 毫米的降雨，暴雨经常夹杂着大风

note 知识小笔记

　　美国化学家兼物理学家兰茂尔，在科学上最大的突破就是利用干冰实现了人工降雨。

世界上降雨最多的地方

夏威夷群岛的威尔里尔，年平均降水量达11680毫米；而印度的乞拉朋齐，1861年曾出现年降水量达20447毫米，所以说它们是世界上降雨最多的地方。

▶ 印度，乞拉朋齐

重要的降雨

对于生活在陆地上的人来说，降雨是主要的淡水来源。一个地区的年降雨量一般会在一个范围内变动，但是如果某一年的降雨量比这个数值小很多，那么这里就会发生干旱。

▼ 降水偏少导致干旱

酸雨

酸雨是指pH值小于5.6的雨雪或者以其他方式形成的大气降水，5.6这个数据来源于蒸馏水跟大气里的二氧化碳达到溶解平衡时的酸度。酸雨里含有多种无机酸和有机酸，绝大部分是硫酸和硝酸，通常以硫酸为主，其侵蚀性非常强。

▲ 降雨能减少空气中的灰尘，降低气温，改善空气质量

◀ 酸雨破坏了存在千年的石雕

125

雪

　　雪花是云里的水汽凝结成的小冰晶，在温度为−40~20℃之间的云层凝结成的。这些微小的冰晶互相结合在一起，形成雪花。当上升的气流托不住这些雪花的时候，雪花就从云中飘落下来，形成降雪。

▲ 形态各异的雪花

独一无二

　　由于每一片雪花周围的水汽凝结过程各不相同，所以每朵雪花的形状都是独一无二的。科学家用显微镜观察过成千上万朵雪花后，得出的结论是：形状、大小完全一样的雪花在自然界中是无法形成的。

雪灾

　　大规模降雪会给人们的生产和生活带来灾难。雪灾不仅会造成气温骤然下降，风雪弥漫，还会使一些沿海地带出现洪水泛滥、海水猛涨、火车出轨、船只沉没等恶劣状况。

◀ 雪灾影响人们的正常生活

126

雪崩

雪崩是一种严重的自然灾害，一旦发生，势不可当。成千上万吨的积雪夹杂着岩石碎块，以极高的速度从高处呼啸而下，所到之处一片狼藉。

◀ 险象环生的雪崩

知识小笔记

世界上降雪量最多的地方是位于美国的雷尼尔山。

六月飞雪

降雪并不是冬天独有的景观，只要温度足够低，任何时候都可能降雪。1861年西欧和北美都曾"六月飞雪"，当时的积雪还达到了16厘米厚。有的高山因为海拔高，所以常年都有降雪。

▶ 七八月间，雷尼尔山山腹的草原地带冰雪融化、花开满山；山顶是永久积雪和冰川

瑞雪兆丰年

民间有句俗语叫瑞雪兆丰年，此话不假，因为刚落下的雪，间隙里充满了空气，覆盖在大地上，犹如一条巨大的毯子保护着越冬的植物不被冻死。等到来年春暖花开时，冰雪融化，大地水量充足，庄稼就能长得更加茂盛。

▶ 适时的冬雪预示着来年是丰收之年

127

雾

在一个晴朗的早晨，当你推开门的时候，突然发现外面的世界已经被一层雾包裹住了，有时候你甚至连马路对面都看不清楚。雾看起来像烟一样，但它实际上是由飘浮在空气中的小水滴组成的。

▲ 海雾

各种各样的雾

地面的空气在沿着山坡向上爬升的时候温度会降低，这样水蒸气就会凝结成小水滴，形成山谷里的雾；来自陆地的暖空气飘到寒冷的海面，就会形成海雾；在北冰洋，雾从海面上升起，就像是水蒸气从沸水里冒出来，这种雾被称为海烟。

▶ 山雾

早晨的雾

当太阳升起以后，空气的温度迅速上升，但是地面的温度并没有上升，于是在地面附近就会形成一层雾。随着温度的增加，这层雾很快就会消失。

▲ 早晨，我们在山谷中经常会看到雾

雾灾

大雾有时也会造成灾害,有雾的天气能见度很低,这样很容易引发交通事故。在1962年伦敦的一场大雾中,两列火车相撞,造成90人死亡,许多人受伤。

▶ 浓雾给大家的出行带来不便

雾与天气

雾与未来天气的变化有着密切的关系。很早以前,我国古代的劳动人民就已经总结了丰富的"看雾识天气"的经验,并将这些经验编成谚语,如:"黄梅有雾,摇船不问路。"这是说春夏之交的雾是雨的先兆,故民间又有"夏雾雨"的说法。

▶ 辐射雾是由于天气受冷,水汽凝结而成,所以白天温度一升高,就云消雾散,天气晴好

雾都

英国是北大西洋上的一个岛国,这里受海洋暖湿气流影响很大,雨和雾都很多。其中伦敦一年中平均每五天就有一个雾天,有"世界雾都"的称号。

note 知识小笔记

当空气中灰尘增加时,雾会变得十分浓厚。

天气

▼ 伦敦是一个多雾的城市

霜和冰

晚秋或冬天的早晨，有时会看到外面的大地被白茫茫的一片霜覆盖着，就好像下过雪一样；要是气温再降低一些，那么放在外面的水就会结成冰。无论是霜，还是冰，它们都来自空气中的水蒸气。

变成霜

当夜晚到来的时候，气温就会降低，于是空气中的水汽就会凝结成霜。霜是很小的冰晶，这些冰晶覆盖在其他物体上，成为盖在它们上面的白色被子。

note 知识小笔记

霜形成的同时会产生"霜冻"，对农作物造成很大的危害。

▲ 玻璃上的霜

◀ 草叶上的霜

草叶上的霜

如果你仔细观察会发现，在冬季寒冷的早晨，路边的草叶会被一层白蒙蒙的霜裹着。这是因为草叶比较大，冰晶更容易聚集，所以草叶上的霜比较多。除此以外，土块上也很容易产生霜。

霜降

翻翻日历，每年10月下旬有"霜降"这个节气。霜降节气含有天气渐冷、初霜出现的意思，是秋季的最后一个节气，也意味着冬天即将开始。每年这个时候，我国黄河流域一带就开始出现初霜，大部分地区忙于播种小麦等农作物。

浮在水面上

如果你把一块冰放在水里，就会发现冰总是漂浮在水面上。这是因为在同等体积的情况下，冰总是比水轻，所以它才能漂浮在水面上，不会沉下去。

▲ 滑冰是人们非常喜欢的运动

▲ 浮在水面上的冰块

冰

到了冬天气温很低的时候，河面和湖面上就会形成冰。冰也是水凝结而成的，因此只有在有水的地方才能形成冰。许多大型的溜冰场是人们冬季休闲娱乐的好去处，冰上运动给人们增添了许多乐趣。

雾　凇

在冬天的时候，有时候一早上起来，你会发现屋外的大树枝条被一层薄霜包裹住了，这就是雾凇。雾凇的俗名叫树挂，它的形成原理和霜差不多，不过只有在非常寒冷的时候才会出现雾凇这种现象。

雾凇的形成

只有在有雾的寒冷天气里，雾凇才会形成。当飘浮在空气中的小冰晶碰到冰冷的枝条时，就会立刻凝结在枝条上，形成霜。最后这些霜堆积起来，就形成了雾凇。

▶ 漫长寒冷的冬季是雾凇形成的基础条件

▼ 低空水汽量多的水边容易形成雾凇

note 知识小笔记

中国是世界上最早记载雾凇的国家。

不可缺少的水汽

雾凇的形成需要大量的水汽。冬天的空气一般比较干燥，不过在水源附近的空气会含有比较多的水汽，所以在河流和湖泊的旁边更容易形成雾凇。

雾凇的季节

雾凇是一种非常美丽的自然景观。在北半球，每年的 11 月到次年的 1 月天气都非常寒冷，雾凇开始出现，喜爱雾凇的人们在这个时期就可以大饱眼福了。比如，我国吉林市松花江岸边的雾凇宛如玉树琼枝，被人们称为"傲霜花"，吸引了大批国内外观光的游客。

◀ 松花江岸边的雾凇

山顶的雾凇

在晚上，山顶的气温很低，如果这个时候一片含有大量水汽的空气经过山顶，就会形成雾凇。这也是山顶更容易出现雾凇的原因。

飞机上的雾凇

有时候飞机在高空飞行经过一片云的时候，飞机的机身身上就会结成一层冰。这层冰和雾凇形成的原因是一样的，都是小水滴凝结在冰冷的物体上形成的。

▲ 冰天雪地的山岭雾凇

▶ 飞机机翼上的冻冰

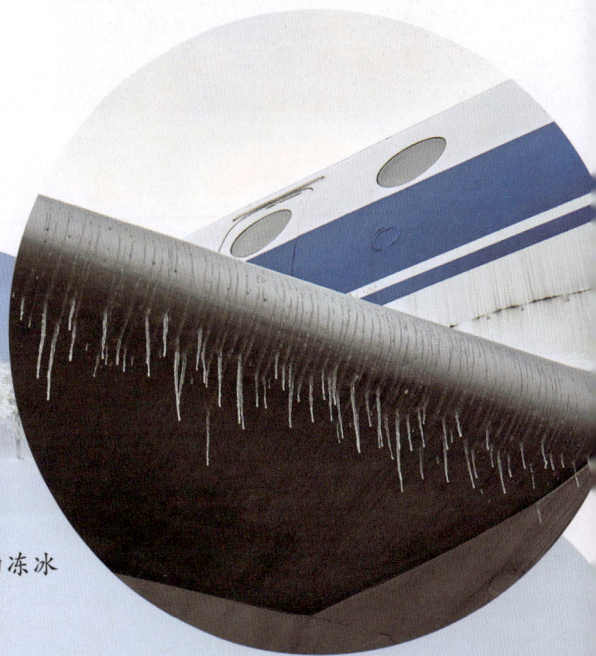

133

闪电和雷声

夏天的雷阵雨常会伴随着天空划过一道道闪电和轰鸣的雷声来临。闪电和雷鸣是一种自然现象，它们有时也会给人类带来麻烦与灾难，但人类通过对它们的认识与研究，已经做了很好的防范工作。

富兰克林的发现

在 1752 年 6 月的一个雷雨天气里，美国科学家富兰克林放飞一个可以收集雷电的风筝，试图收集天空中的雷电。这个实验最终使他揭开了雷电的秘密——只不过是规模庞大的放电现象。

◀ 美国科学家富兰克林发明了避雷针

知识小笔记

闪电能产生很高的温度，甚至能使钢铁在一瞬间熔化。

▶ 出现闪电的时候，在树下躲避是一件很危险的事情，高耸的大树经常成为雷电袭击的目标

电击

高大的树木和高层建筑很容易遭受闪电的袭击，所以闪电来临时，站在大树附近很容易触电。下雷阵雨的时候，如果你在野外，一定要远离大树。

先闪电后雷鸣

闪电和雷鸣几乎是同时发生的，但是我们总是先看到闪电再听到雷声，这是因为光的传播速度比声音的传播速度要快。根据测算，如果在闪电后过 5 秒钟听到雷声，这说明雷暴发生在大约 1.7 千米以外。

▲ 因为光的速度比声音的传播速度快，所以总是先看到闪电，然后才听到雷声

避雷针

人们发现金属可以传导雷电，于是就在高层建筑上放置一个针形金属物体，并用导线把这个物体和地面连接起来，这就是避雷针。避雷针可以把雷电传播到大地，保护建筑物免遭雷击。

◀ 避雷针工作原理示意图

▶ 雷声是带异性电的两块云互相接近时，因放电而发出的强大声音

震耳的雷声

当发生闪电的时候，闪电释放的能量会使空气膨胀，产生冲击波。这些冲击波在云层间不断被反射，最后成为声波传递到我们的耳朵里，我们就听到了震耳的雷声。

美丽的彩虹

　　彩虹是自然界里美丽的景象，它的出现与天气有着很大的关系。每当夏季雷雨过后，天空中就会出现一道美丽的彩虹；有时候即使没有下雨，只要天空中有薄薄的云层，也有可能出现彩虹。

▲ 绚丽多姿的彩虹

彩虹的颜色

　　通常我们认为彩虹有 7 种颜色，分别是红、橘、黄、绿、蓝、靛蓝和紫色，在彩虹的最里面是紫色光，而最外面是红色光。有时候在彩虹的附近还会出现一道暗淡的彩带，这条彩带就是霓，它的颜色排列顺序和彩虹正好相反。

来自太阳的光

　　我们白天见到的光几乎都是太阳发出来的。太阳光中包含了各种不同颜色的光，这些光混合在一起，我们的眼睛无法区分。所以在我们看来，太阳光是白色的。

◀ 阳光是太阳上的核反应发出的黑体辐射光，经很长的距离射向地球，再经大气层过滤后来到地面，它的可见光谱段能量分布均匀，所以是白光。彩虹就是光的色散现象

弯曲的彩虹

我们看见的彩虹都是弯曲的，几乎没有直线。这是因为折射阳光的水滴是圆球形的，在折射的时候光被弯曲了，所以形成的彩虹总是弯的。

note 知识小笔记

彩虹的真实形状是完整的环形，但是我们只能看到一半彩虹。

▲ 环形彩虹

天空中的棱镜

彩虹的形成需要有水滴组成的薄云、够强的阳光及合适的观测地点。小水滴组成的云就像棱镜一样，可以把阳光中不同颜色的光分开。这些分散的光继续前进，被云层反射到我们的眼睛里，我们就看到了彩虹。

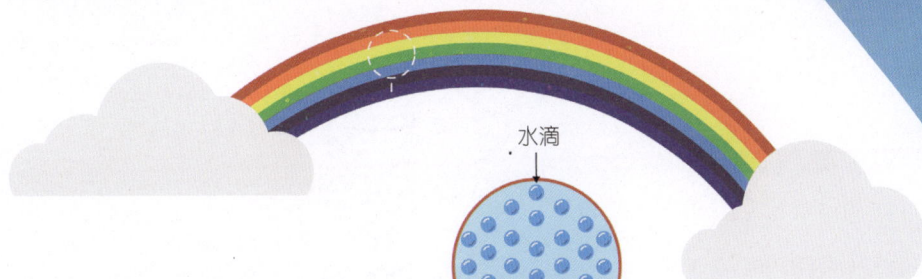

水滴

▼ 彩虹实验示意图

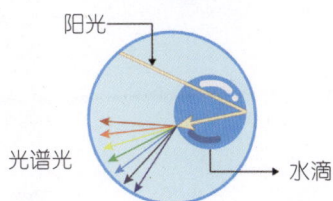

阳光

光谱光

水滴

◀ 穿过雨滴的光线在进出雨滴时发生折射，在雨滴内部发生反射

自己动手做彩虹

我们自己也可以做一道彩虹。首先，把一个装有清水的透明玻璃杯放在阳光下面，然后在杯子下面放一张白纸，白纸最好放在阴暗区，这样就可以看到纸上出现了一道彩虹。

137

天气预报

现在，人们已经可以对未来的天气进行预报了。比如，我们要去某地旅行，就会查看一下这个地方的天气，再决定带上什么样的行装。天气预报为我们带来了很多好处，也激励更多的人为研究天气变化规律而努力。

观测云

云会为人们带来未来天气的信息。在古代中国，人们通过观察云的变化，总结出这样的规律：当出现朝霞的时候，未来的天气就会变坏；而出现晚霞的时候，未来的天气就是晴朗的。

▲ 17 世纪以前人们通过观测天象、物象的变化，编成天气谚语，据以预测当地未来的天气

测量气压

既然我们周围有空气，那就会存在压力，空气产生的压力就是大气压。当气团保持平稳的时候，气压也会保持平稳；当空气发生变化的时候，气压就会发生变化。所以，测量气压可以预知天气变化。

▶ 水银气压计

note 知识小笔记

17 世纪，意大利物理学家托里拆利发明了气压计。

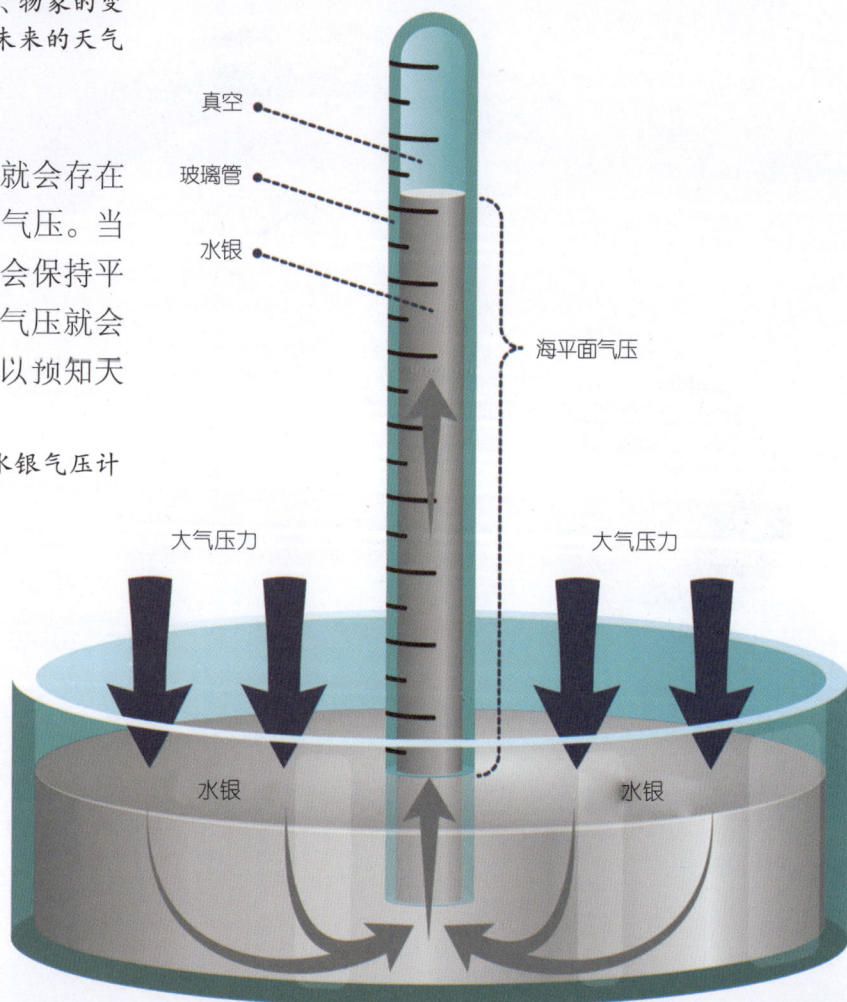

真空

玻璃管

水银

海平面气压

大气压力

大气压力

水银

水银

变化的气温

当冷风吹来的时候，我们就会觉得冷，所以气温的变化也可以预报天气。只要我们用一支非常灵敏的温度计来测量气温的变化，就可以预知未来的天气。

▶ 温度计可以准确地判断和测量温度

不一样的风速

风速的变化也会告诉我们天气的变化。当有冷风吹来的时候，我们就会感觉到天气要变化了，所以用一些仪器测量风速的变化，也可以预报未来的天气。

▶ 风速计是测量空气流速的仪器。它的种类较多，气象台最常用的为风杯风速计

现在的天气预报

现在人们利用卫星拍摄云团的图像，然后再利用计算机计算云团在未来的运动，就可以更加准确地预报天气了。

▼ 随着气象科学技术的发展，现在有些气象台已经使用气象雷达、气象卫星及电子计算机等先进的探测工具和预报手段来提高气象预报的准确率

空气污染

　　工厂排放的废气、汽车排放的尾气、城市居民燃烧煤炭产生的烟以及森林失火等都会造成空气污染。一些有害气体破坏了生物的生长，给人类的生存和发展也带来了严重的危害。

呼吸与大气污染

　　人类要生存，每天都必须呼吸新鲜的空气，工厂任意地把废气排向天空，汽车数量的增加也加大了大气的净化负担，人类要呼吸到新鲜的空气就必须减少这些污染。

◀ 为了防止吸入更多污浊的空气，人类有时会戴上口罩，从而有效地保护自己的呼吸系统

光化学烟雾

光化学烟雾主要是由汽车废气引起的一种大气污染现象。在强烈的阳光照射下，汽车排出的尾气会发生化学反应，生成一种淡蓝色或者棕色的烟雾，就是光化学烟雾。

地球的"温室效应"

地球好比一个偌大的温室，地球周围的大气就好像温室的玻璃，防止地面的热量散失到宇宙中去。人类大规模使用煤炭、石油等燃料，排放出大量二氧化碳，使温室效应更加显著。

▲ 光化学烟雾含有刺激性，它会使人感到眼痛、头痛、呼吸困难甚至昏厥

知识小笔记

酸雨、臭氧层空洞、厄尔尼诺现象等都是大气被污染后产生的恶果。

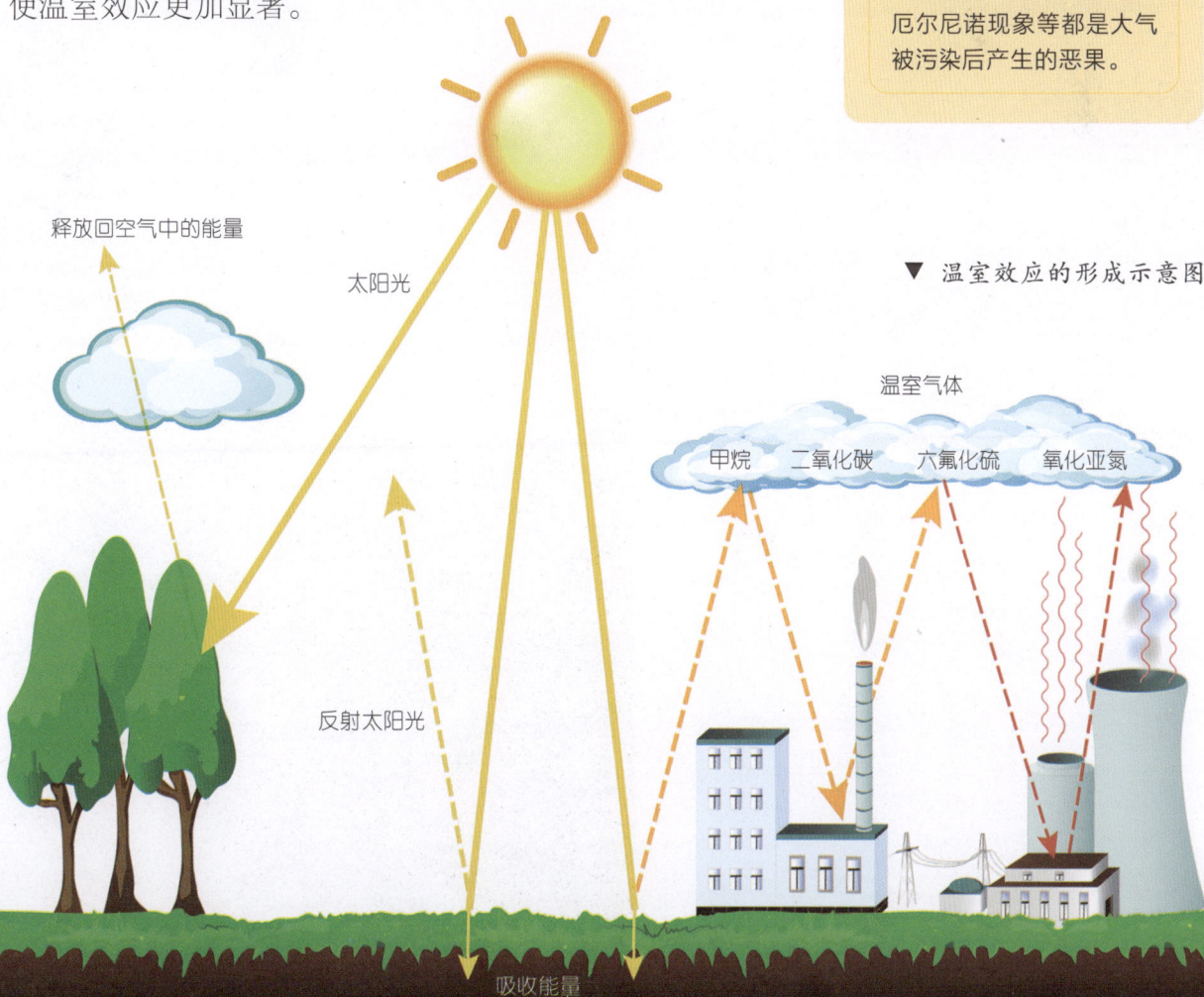

释放回空气中的能量

太阳光

▼ 温室效应的形成示意图

温室气体

甲烷　二氧化碳　六氟化硫　氧化亚氮

反射太阳光

吸收能量

141

改变天气

在了解了天气变化的原理后，人们开始尝试改变天气。现在人类已经实现了通过人工降雨、人工消雨和驱散浓雾等方式来改变天气，这些技术为我们的生活带来了很多方便。

▲ 干冰

干冰降温

干冰就是固态的二氧化碳，它是一种比冰更好的制冷剂，它能使空气里的水蒸气冷凝，变成水滴下降。用干冰进行人工降雨的同时，干冰需要吸收大量的热量才能升华成气体，这样空气的温度自然就降低了。

驱散浓雾

利用人工降雨的方法还可以驱散浓雾。向空气中抛撒小颗粒可以使这些雾快速地转变成水滴，然后落到地面，这样就可以减少浓雾天气造成的影响。

▲ 人们使用人工降雨的方法驱雾

地面增雨

如果云层离地面足够近的话，人们也可以利用大炮、火箭或气球向云层中抛撒化学药品，来使这些雨滴落下来，而且这些化学药品一般不会对环境造成污染。

▲ 一般在自然云已经降水或者接近于降水的条件下，人工降水的方法才能发挥作用

人工降雨

人们一般利用从高空抛撒干冰和碘化银颗粒的方法，来制造人工降雨。人工降雨是要有一定条件的：0℃以上的暖云中要有大水滴；0℃以下的冷云中要有冰晶。如果不具备这样的条件，天气形势再好，云层条件再好，也不会下雨。

▼ 飞机和地面人工增雨

note 知识小笔记

美国物理化学家欧文·兰茂尔是人工降雨的首创者。

更多的进展

除了人工降温、降雨外，目前，一些科学家还尝试用其他方法改变干旱天气和阻止飓风的产生。虽然这些目标暂时还无法实现，但是在未来的某一天这些想法一定都可以实现。

▼ 人工降水的理论和技术方法还处于探索和试验研究阶段，技术趋于成熟

山脉和峡谷

地球陆地的表面并不是平整而舒缓的，上面有雄伟壮丽的山脉和风景迷人的峡谷，这些山脉和峡谷成为人们旅游观光的胜地。像阿尔卑斯山、东非大裂谷都是大自然鬼斧神工的杰作。

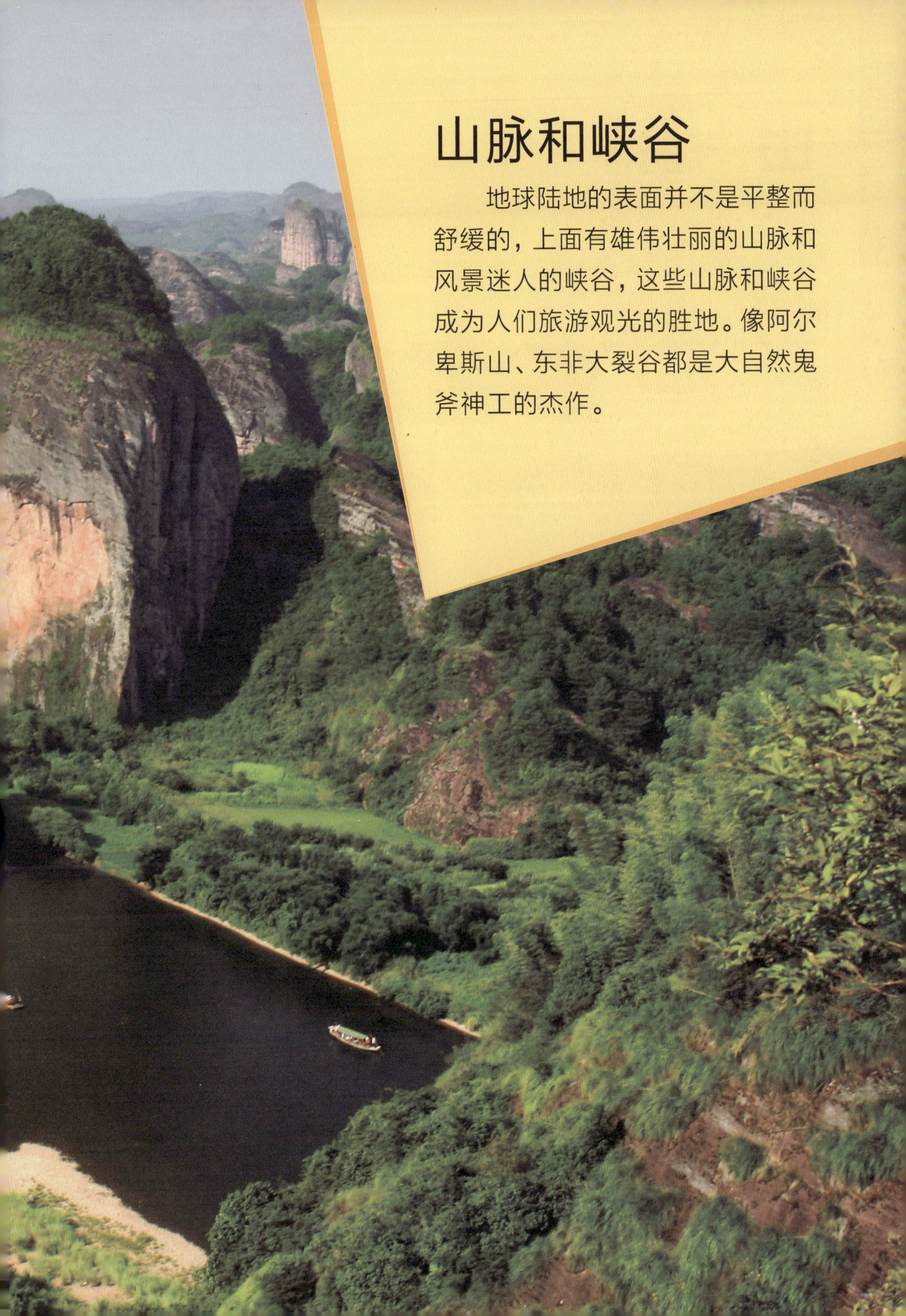

山 脉

　　高山是高出周围地面的一种地形，是陆地上的隆起。在世界的许多地方，常常能看到一座座连接在一起的大山，这些绵延千里的大山就是山脉，如安第斯山脉、喜马拉雅山脉等都是世界著名的山脉。

▶ 地壳断层和褶皱形成山脉

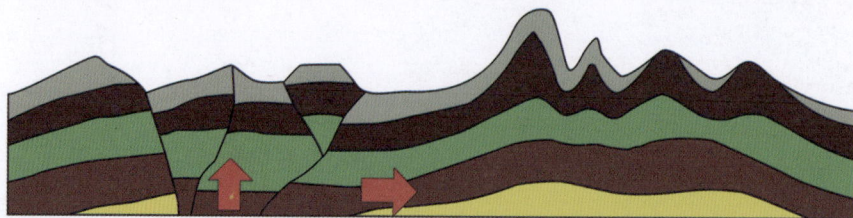

▲ 秘鲁安第斯山脉中脊，看起来非常雄伟壮观

世界最长的山脉

　　世界上最长的山脉是南美的安第斯山脉。它纵贯南美大陆西部，北起北美洲的特立尼达岛，南至火地岛，全长近9000千米，被称为"南美洲的脊梁"。

欧洲最高的山脉

　　阿尔卑斯山是欧洲最高大的山脉，它绵延1200千米，平均海拔约3000米。阿尔卑斯山的景色十分迷人，勃朗峰、卢卡诺峰、杜夫尔峰等名山吸引着来自世界各地的登山者和旅游者。

▼ 阿尔卑斯山，勃朗峰

不断长高的山脉

喜马拉雅山脉是由印度板块与欧亚大陆板块碰撞形成的。由于地壳的运动是持续不断的，因此喜马拉雅山的高度也在随之变化。它以每年1~2厘米的速度递增，不太容易被人们察觉。

知识小笔记

喜马拉雅山脉是世界上海拔最高的山脉，平均海拔在7000米以上。

▶ 据最新测定数据表明，珠穆朗玛峰平均每年增高1厘米

高加索山

高加索山是位于欧、亚两洲之间的山脉，是欧洲和亚洲的天然界限。高加索山自西北向东南延伸，形成大高加索和小高加索两列主山脉，当中许多山峰的绝对高度超过了5000米。

▲ 高加索山

中国最长的山脉

昆仑山的平均海拔5500~6000米，山脉全长2500千米，总面积达50多万平方千米，是中国最长的山脉。昆仑山是道教名山，素有"海上仙山之祖"之称。

▼ 昆仑山口地处昆仑山中段，也称作"昆仑山垭口"，是青藏公路上的一大关隘

147

山　峰

　　山脉是地球上最常见的地形，而起伏不平的山峰则是这些山脉耸立的丰碑。世界上著名的山峰都有其引人注目之处，有的山峰巍峨壮观，有的山峰风景如画。

珠穆朗玛峰

　　珠穆朗玛峰是喜马拉雅山脉的主峰，也是全世界海拔最高的山峰，它的高度有 8848.86 米。在藏语里，珠穆朗玛就是"大地之母"的意思，珠穆朗玛峰在神话传说中是女神居住的山峰。

> **note 知识小笔记**
>
> 全世界 8000 米以上的高峰有 14 座，全部集中在喜马拉雅山脉。

▲ 庄严雄伟的珠穆朗玛峰"欲与天公试比高"

非洲最高的山峰

　　非洲的乞力马扎罗山位于坦桑尼亚东北部，海拔 5892 米，是非洲的第一高峰。在乞力马扎罗山上，你可以看到从热带到寒带的一切气候和景象，十分神奇。

▼ 乞力马扎罗山生长着热、温、寒三带野生植物和栖息着热、温、寒三带野生动物

富士山

富士山上的剑峰是日本最高的山峰，海拔 3776 米。它是一座活火山，在历史上富士山曾经多次喷发，因此山体是一个圆锥体，山顶为积雪覆盖。如今，富士山已成为日本的象征。

罗伯森峰

罗伯森峰位于加拿大的落基山脉上，它的海拔高度是 3954 米，是落基山脉上最高的山峰。这里有大片的森林、水质清澈的湖泊和白雪皑皑的山峰，风景优美如画，吸引着无数的游客前往。

▶ 来到罗伯森峰，可以看到原始森林、冰川、瀑布、河流、大湖、温泉……一切你能够想象到的自然景观都汇聚在这里

▲ 富士山是日本精神、文化的经典象征之一

少女峰

少女峰是阿尔卑斯山脉中的一座山峰，海拔高度是 4158 米，是阿尔卑斯山的最高峰之一。它宛如一位少女，披着长发，银装素裹，恬静地仰卧在白云之间，因此被称为阿尔卑斯山的"皇后"。

▼ 宁静悠远的少女峰

峡 谷

我们经常把两个山峰之间的凹地称为峡谷。著名的峡谷有科罗拉多大峡谷、雅鲁藏布大峡谷和长江三峡等。这些峡谷地势险要，风景迷人，是探险和旅游观光的好去处。

深山包围的峡谷

大部分峡谷都是由河流的冲刷侵蚀作用形成的。峡谷两岸有连绵不断的山峰护卫，这使得峡谷的地势有时狭窄细小，有时又宽阔平坦。总而言之，峡谷的地形复杂多变。

◀ 雅鲁藏布大峡谷位于青藏高原之上，是世界上海拔最高、最深和最长的河流峡谷

科尔卡大峡谷

科尔卡大峡谷位于南美洲的秘鲁，两岸山峰为安第斯山脉，全长有 90 千米，高度落差大约有 3200 米。科尔卡大峡谷景色绮丽，气候变化巨大，每年都会吸引许多游客来这里旅游。

▼ 科尔卡大峡谷

布赖斯峡谷

布赖斯峡谷位于美国犹他州，这里怪石嶙峋，景色奇异。与其他峡谷最大的不同之处在于布赖斯峡谷的颜色十分鲜艳，这是因为峡谷里的岩石被雨水和空气风化，导致发生非化学变化而引起的。

▶ 布赖斯峡谷的千沟万壑

美洲死亡谷

在美国加利福尼亚州与内华达州相毗连的群山之中，有一条长225千米，宽6~26千米的大峡谷。峡谷两岸山势险峻，地势十分险恶，气候也极端炎热干燥。误入此地的人都难以生还，这就是著名的美洲死亡谷。

▶ 美洲死亡谷是人类的禁区，涉足到这里的人几乎全部丧生

> **note 知识小笔记**
>
> 位于我国云南的虎跳峡落差213米，是世界上落差最大的峡谷。

长江三峡

长江三峡是世界上最壮丽的峡谷之一，是我国十大风景名胜之一。长江三峡是瞿塘峡、巫峡和西陵峡三段峡谷的总称。它西起四川奉节的白帝城，东到湖北宜昌的南津关，总长193千米。这里两岸高峰夹峙，水流汹涌湍急，十分壮观。

▼ 长江三峡山势雄奇险峻，江流奔腾湍急

山脉和峡谷

151

裂　谷

　　裂谷是地球上最奇特的地貌之一，当相连的板块发生分裂时，它们之间就会产生一个巨大的裂谷。裂谷会造就一个深陷大地的裂缝，也可以造就一个深入陆地的海洋，在大洋板块中心也会出现裂谷。

地球上的裂谷

　　因为裂谷的形成与陆地板块的运动联系得十分紧密，所以地球上的裂谷大多分布在板块运动相异的地方，比如非洲和亚洲之间，或者北美大陆。

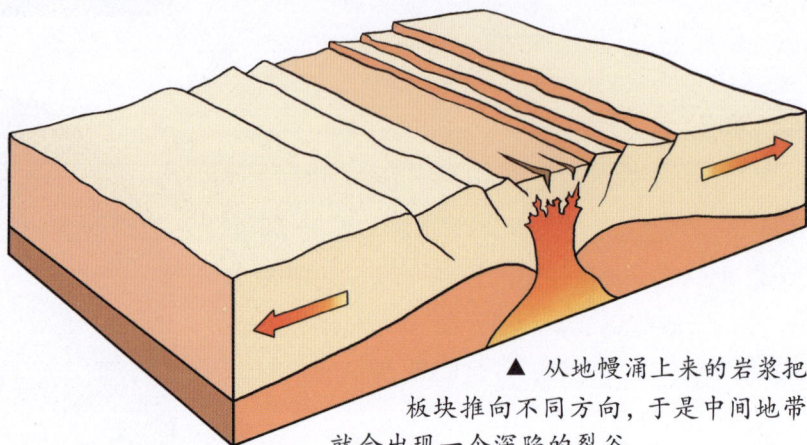

▲ 从地幔涌上来的岩浆把板块推向不同方向，于是中间地带就会出现一个深陷的裂谷

note 知识小笔记

　　东非大裂谷是非洲地震最频繁、最强烈的地区。

地球的伤疤

　　东非大裂谷是地球上最大的裂谷，被称为"地球的伤疤"。一些地理学家预言未来非洲将在裂谷处分裂，现在的非洲板块也将变成两个分裂的板块。

▼ 东非大裂谷

我国境内的裂谷

我国也有类似东非大裂谷这样因为板块分离而造就的地形存在，比如汾河平原和渭河谷地，这种地形结构统称为地堑。

► 地堑常为长条形的断陷盆地，东非大裂谷以及我国东部新生代盆地都是典型的地堑构造系

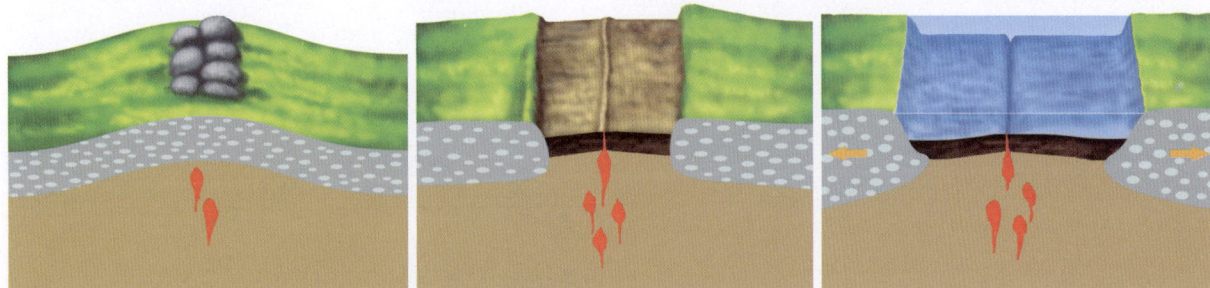

▲ 裂谷未来演变成海洋的图解

海沟

每个大洋深处都有海沟，但是它们的深浅并不一样。目前世界上最深的海沟是马里亚纳大海沟，它位于太平洋上马里亚纳群岛附近的洋底，最深处有 11034 米。

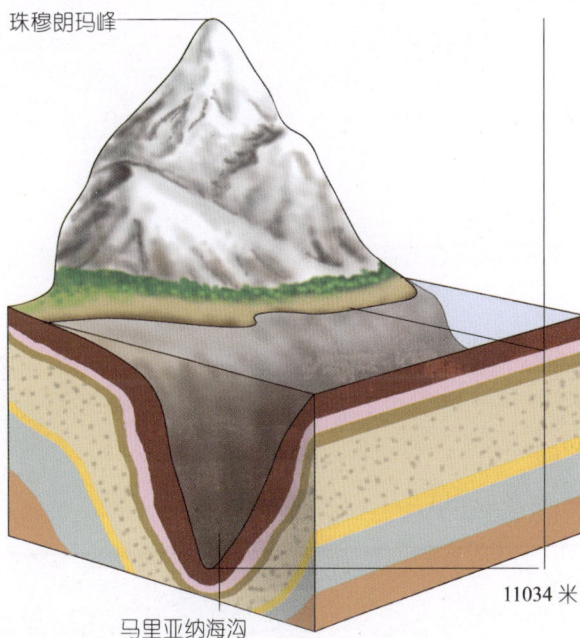

▼ 圣安德烈斯断层

珠穆朗玛峰

11034 米

马里亚纳海沟

圣安德烈斯断层

圣安德烈斯断层横贯美国加利福尼亚州，这里是太平洋板块和北美板块相连接的地方。随着时间的流逝，两块板块朝不同方向移动，它们之间的距离越来越大，圣安德烈斯断层就形成了。

岩 石

岩石是由一种或几种矿物按照一定方式结合而成的，按其形成原因分为岩浆岩、沉积岩和变质岩。岩石是我们判断地球及生物演变过程的自然百科书，它记载着地球的很多秘密。

岩石的年龄

岩石也可以看出年龄。科学家在格陵兰岛发现了年龄为 38 亿年的岩石，它是目前地球上最古老的岩石。在中国发现的最古老的岩石是冀东地区的花岗片麻岩，年龄约为 35 亿年。

沉积岩

沉积岩是由海里的动物外壳和泥沙碎屑堆积起来的。在堆积过程中，底部的沉积物被压扁，成为一层坚实的岩石层，随着时间的推移，上面逐渐生成新岩层。石灰岩、砂岩等都属于沉积岩。

▲ 常见几种岩石的形成过程

▼ 沉积岩具有层次，称为层理构造。层与层的界面叫层面，通常下面的岩层比上面的岩层古老

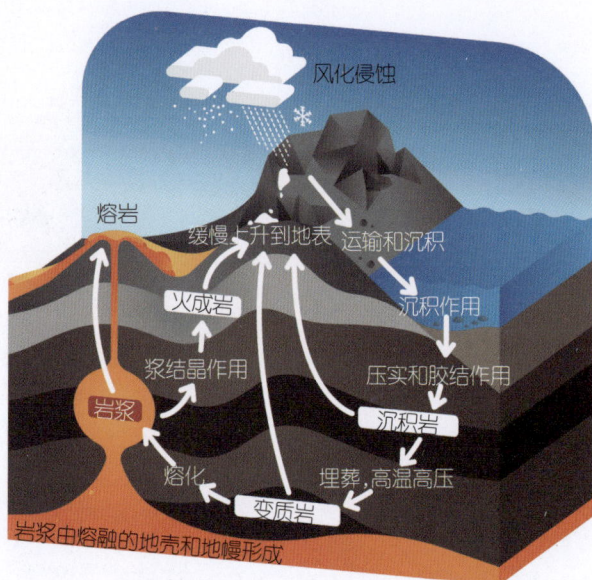

大理石

大理石的分布很广泛，它有美丽的颜色、花纹，有较高的抗压强度和良好的物理化学性能。随着经济的发展，大理石在人们生活中越来越起到重要作用。它可以用于制造精美的用具和装饰品，如家具、灯具、烟具及艺术雕刻品等。

◀ 大理石切面

154

▶ 花岗岩

火成岩

　　火成岩又叫岩浆岩，是地壳中含量最多的岩石，它是由于地壳内部炽热的熔岩喷涌出地面后冷却凝固形成的。常见的花岗岩、玄武岩等都属于火成岩。

▼ 玄武岩柱

山脉和峡谷

变质岩

　　沉积岩和火成岩在高温高压的作用下，内部的结构和成分会发生变化，成为变质岩。大理石和板岩都是变质岩，大理石是石灰岩变成的，板岩是页岩变成的。

知识小笔记

　　浮石是一种比水还轻的岩石，它是火山爆发的产物。

▶ 变质岩转化示意图

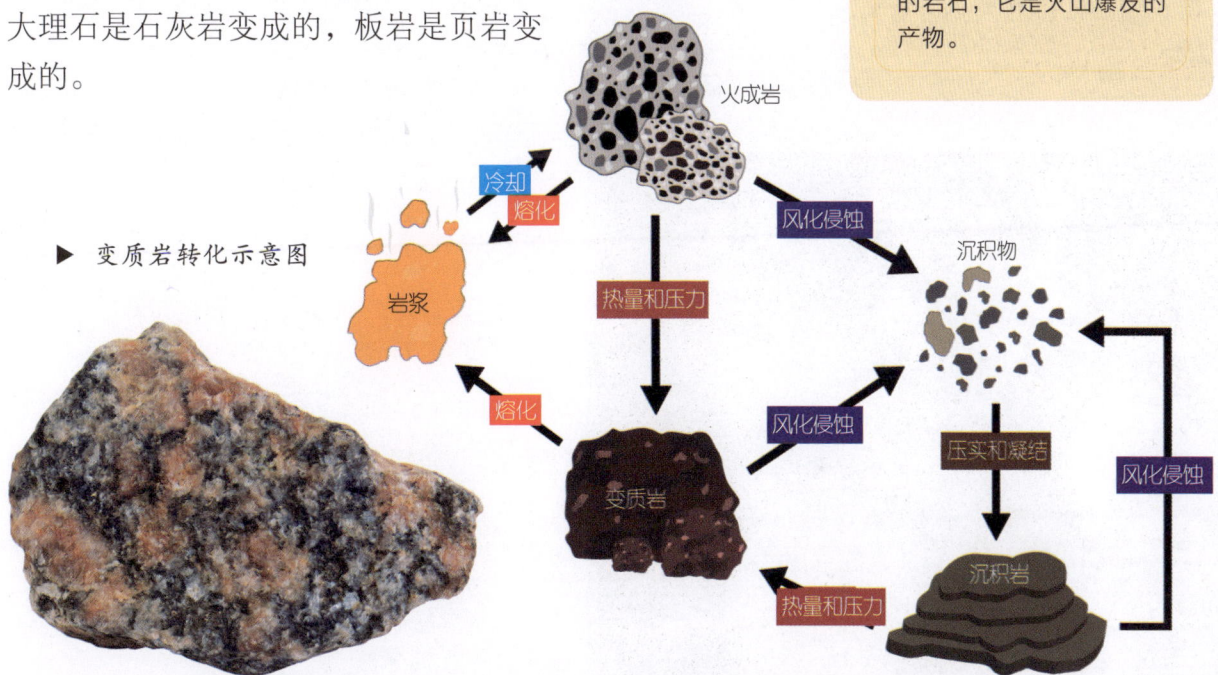

火成岩

冷却

熔化

风化侵蚀

岩浆

热量和压力

沉积物

熔化

风化侵蚀

压实和凝结

风化侵蚀

变质岩

热量和压力

沉积岩

155

宝石

矿物当中，有一些品种因为稀少而十分昂贵，这就是我们说的宝石。常见的宝石包括钻石、红宝石、玛瑙、玉石等。另外，珍珠、珊瑚等也属于宝石，不过它们是有机宝石。

祖母绿

祖母绿又叫"吕宋绿"或"绿宝石"，它是一种含铍铝的硅酸盐结晶体，呈六方柱状，颜色呈翠绿或浓绿。祖母绿是一种非常珍贵的宝石，被称为"绿色宝石之王"。

▲ 晶莹剔透的紫水晶

水晶

水晶在希腊文里是"洁白的冰"的意思。水晶的外观清亮、透彻，属于石英的一种。根据颜色、包裹体及工艺特性可分为：紫水晶、黄水晶、蔷薇水晶、水胆水晶、星光水晶、砂晶等。

◀ 祖母绿是很古老的宝石

翡翠

翡翠是一种深受人们喜爱的宝石，它的主要成分是钠铝辉石。翡翠在形成的时候会混入其他元素，因此质地和颜色会产生变化。混有铬元素的翡翠呈现出柔润艳丽的淡绿、深绿色，是最名贵的翡翠，备受人们的珍视和喜爱。

◀ 精雕细琢的翡翠艺术品不仅赏心悦目，而且极具收藏价值

玛瑙

玛瑙是自然界中分布较广、质地坚韧、色泽艳丽、文饰美观的玉石之一。玛瑙的用途非常广泛，它可以作为药用、装饰、玉器、首饰、工艺品材料、研磨工具、仪表轴承等。有的玛瑙中包有水珠，称为水胆玛瑙，十分珍贵。

◀ 色泽鲜明光亮的玛瑙

宝石之王

钻石也叫金刚石，有"宝石之王"的美誉。它的化学成分是碳，是唯一由单一元素组成的宝石。经日光照射后，钻石在夜晚能发出淡青色磷光。钻石形成需要极高的压力，所以它通常出现在地层夹层之中。

note 知识小笔记

南非盛产钻石，世界上很多优质的钻石都产自南非。

▶ 钻石是自然界中最硬的矿石

化 石

关于生命的起源是没有历史记载的，人们只能从沉积的化石中找寻答案。化石是留存在岩石中的古生物遗体或遗迹，它记录了地球上生命的起源、发展、演化等各种信息，为研究地球变化提供了依据。

化石的形成

化石是动物或植物死亡后，没有马上被毁灭，而是经过很长的时间，埋藏在地下变成的跟石头一样的东西，数万年后成为地壳的一部分。

▶ 琥珀

琥珀

琥珀是千万年前的树脂化石。松柏类植物能分泌出大量的树脂，树脂有很强的黏性，昆虫或其他生物飞落在上面就被粘住了。树脂继续外流，昆虫的身体就被树脂完全包裹起来，最后形成了好看的琥珀。

活着的树

◀ 化石的形成过程

沉没和埋葬

地下矿物质取代原始木质部分，树干变成化石

硅化木

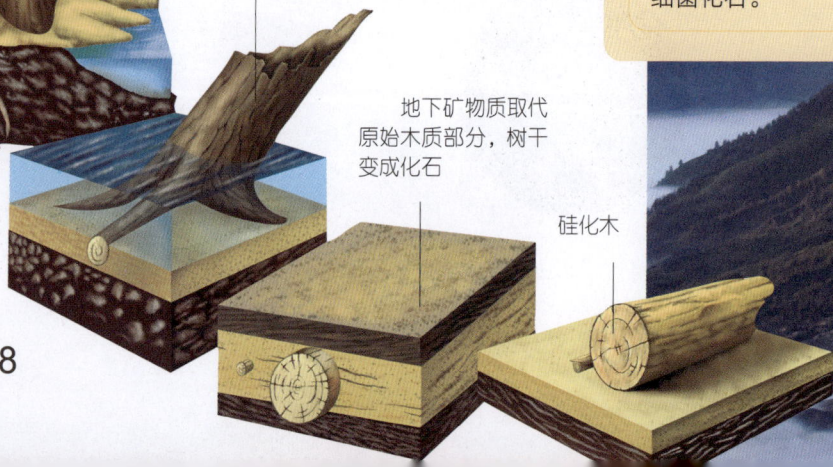

note **知识小笔记**

科学家发现的最早的古生物化石是 32 亿年前的细菌化石。

始祖鸟化石

根据在德国发现的始祖鸟化石可知，始祖鸟生活在距今 1.5 亿年前。它的嘴里长着牙齿，翅膀尖上长着三个指爪，还长着一条长尾巴，这些特点和爬行动物极为相似。经研究证明，始祖鸟是爬行动物向鸟类过渡的中间阶段的代表。

▶ 始祖鸟化石

恐龙化石

恐龙死后，它的骨骼及牙齿等硬体组织沉没在泥沙中，处于隔氧环境下，经过几千万年的沉积作用，形成了恐龙化石。根据科学家推测,恐龙是世界上存在过的最大的动物。

◀ 沧龙牙齿化石

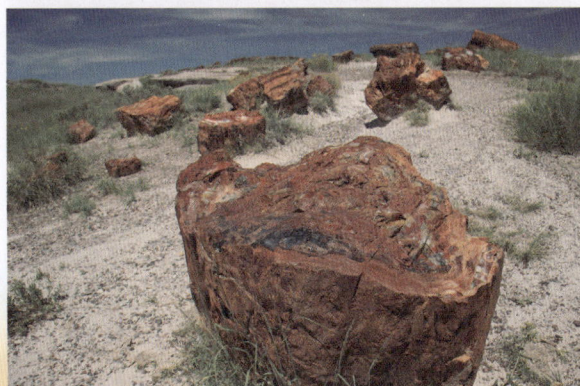

▶ 三叠纪时期的树干化石

▼ 据恐龙化石推测，恐龙最早出现在 2 亿 3 千万年前的三叠纪晚期

水　域

　　从太空望向地球，这个巨大的球体是蓝色的，这是因为地球上的水与空气的反射作用。海洋、河流、湖泊、冰川、地下水、沼泽等一起滋润着地球上的生命，将我们的家园装扮得分外美丽。

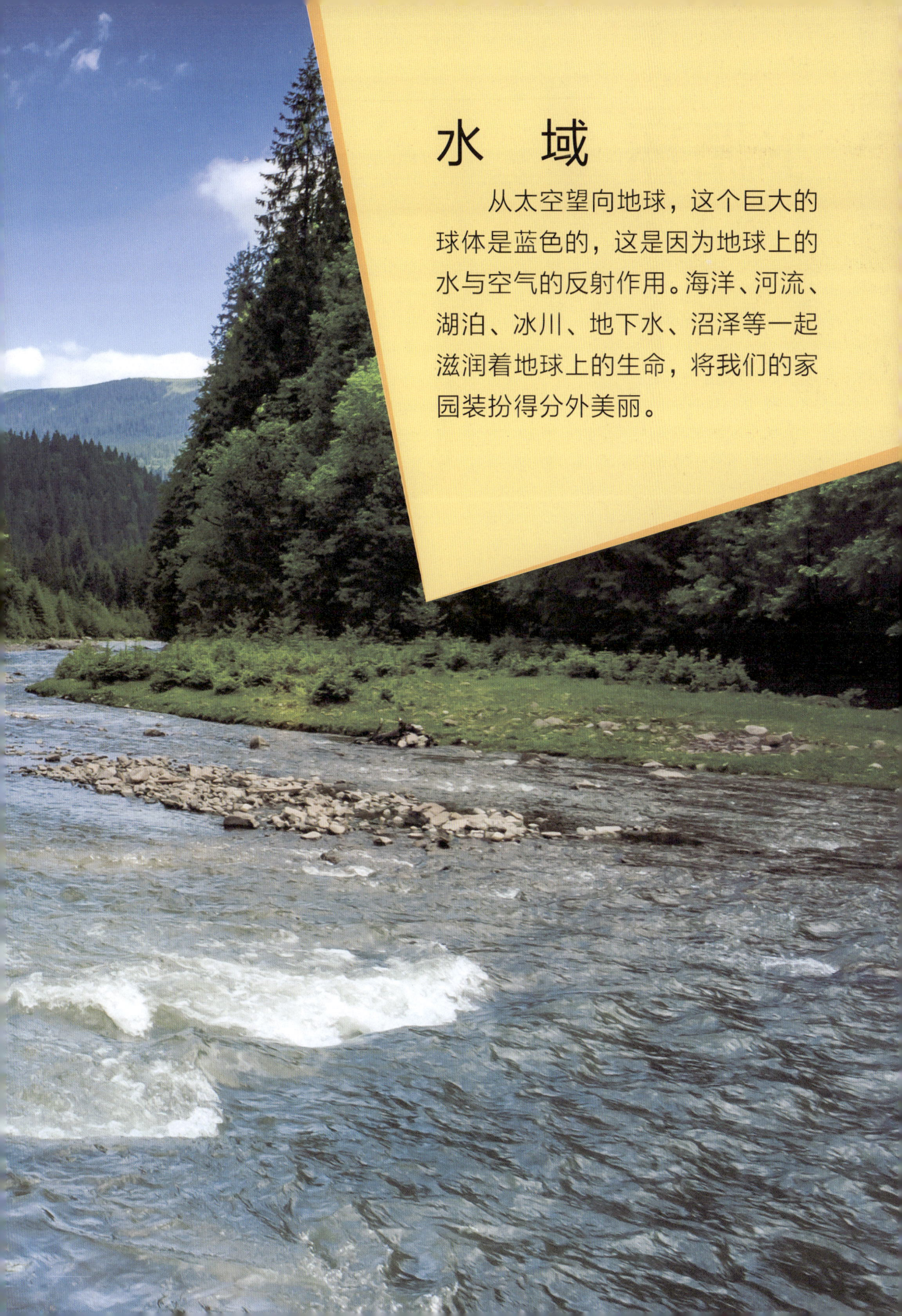

水循环

水是人类的宝贵资源，也是一切生命之源。海洋汇聚了地球绝大部分的水，它和冰川、河流、湖泊等共同组成地球上的水体。它们持续不断地运动构成水的循环，才保持了地球上生命的存在。

水的分类

地球上的水按照分布的空间不同，分为地表水、地下水、大气水和生物水。地表水就是指露在地表的河流、湖泊中的水；地下水就是以泉水和地表径流的方式供给湖泊和河流的水源；大气水是混在大气中的水分；生物水是储存在生物体中的水分。

地表水　　　　大气水

地下水　　　　生物水

云产生雨水

地球上海水受热蒸发

地面河流

逾渗　　　　　地下水

知识小笔记

note

1993 年 1 月 18 日，第 47 届联合国大会做出决议，确定每年的 3 月 22 日为"世界水日"。

世界水资源情况

世界的水资源按江河的年径流量排列，从多到少依次是巴西、俄罗斯、加拿大、美国、印度尼西亚、中国。我国的水资源虽然不少，但部分地区用水还是很困难。

▶ 水循环过程是无限的，但水资源的蓄存量是有限的，并非用之不尽，取之不竭

温度升高，水变成水蒸气蒸发到大气层中

湖面上的雾气是被蒸发到空中的水汽

水蒸气在上升过程中形成云

蒸发

地下水注入河流

暖空气受热上升

◀ 参加水循环的水主要来自海洋。科学家估计，要想让海洋中所有的水都参加到水循环里，到空中旅行，大约要花上100万年

蒸发

蒸发也是水循环的一个重要过程。有时候，我们会在江面或湖面上看到大团的雾，这些雾就是被蒸发到空气中的水分，因此空气中所携带的水分是非常多的。

▲ 每年有超过约 36000 亿立方米的海水被转化为水蒸气

大循环

从海洋蒸发出来的水蒸气，被气流带到陆地上空，凝结为雨、雪等落到地面，一部分被蒸发返回大气，其余部分成为地面径流或地下径流水，最终回归大海。海洋与陆地之间水的往复运动过程，就是水的大循环。

163

河 流

河流的存在为陆地上的生命提供了水源，世界上所有的人类文明几乎都发源于大河边上。河流的力量是巨大的，在它的作用下，高原能变成平地，高山能被切成峡谷。

莱茵河

莱茵河被称为德国的"父亲河"，全长 1232 千米，是德国境内最长的河流。它发源于瑞士境内的阿尔卑斯山脉，流经瑞士、德国、法国和荷兰，注入北海。莱茵河是世界上货运量最大的河流，在这里可以见到 20 多个国家的航船。

◀ 莱茵河是具有历史意义和文化传统的欧洲大河之一，也是世界上最重要的工业运输大动脉之一

尼罗河

尼罗河不仅是非洲最长的河流，也是世界最长的河流，全长 6670 千米。它流经卢旺达、布隆迪、坦桑尼亚、肯尼亚、埃塞俄比亚和埃及等国，是世界上流经国家最多的国际河流之一。

▼ 尼罗河流域是世界文明发祥地之一，这一地区的人民创造了灿烂的文化，在科学发展的历史长河中做出了杰出的贡献

note 知识小笔记

亚马孙河是世界上流域最广的河流。

欧洲最长的河流

伏尔加河发源于东欧平原西部的瓦尔代丘陵中的湖沼间，全长 3692 千米，最后注入里海，流域面积约达 138 万平方千米，占东欧平原总面积的 1/3。

▶ 伏尔加河是欧洲最长的河流，同时也是世界上最长的内流河

恒河

印度的恒河发源于喜马拉雅山脉，全长 2700 多千米。在印度文明的整个发展历程中，恒河起着十分重要的作用，在印度人心目中，它是至高无上的"母亲河"。

◀ 恒河被印度人视为最圣洁的河流，能在恒河中畅饮、洗浴对他们来说是无比荣幸的事

黄河

黄河是我国第二大河，黄河流域是中华文明的发源地，早在数千年前这里就有了高度发达的农耕文明。黄河上游河水清澈，但是中、下游因为植被稀少，大量黄土被冲入黄河，使河水变得很混浊。

▼ 黄河流域是我国开发最早的地区

长 江

长江是我国长度最长、流域面积最广阔的一条大河，它源自青藏高原的唐古拉山，途中流经 11 个省市。长江是中华民族的摇篮，哺育了一代又一代中华儿女，被誉为"母亲河"。

▲ 长江的源头——沱沱河发源于唐古拉山脉

我国第一长河

长江全长 6397 千米，流域总面积 180 余万平方千米，年平均入海水量约 9600 亿立方米，约占全国土地总面积的 1/5，是我国第一长河，也是世界第三长河。

不同的叫法

长江的北源沱沱河源自青海省西南边境的唐古拉山脉，与长江南源当曲会合后称通天河；南流到玉树县巴塘河口以下至四川省宜宾市之间称金沙江；宜宾以下称长江，扬州以下旧称扬子江。

▲ 金沙江

▼ 长江第一弯

九曲回肠

长江的河道非常曲折，尤其是自湖北枝江到湖南城陵矶一段，古称荆江，素有"九曲回肠"之称。由于流速缓慢，泥沙淤积多，每当汛期来临，极易造成溃堤、泛滥的灾害。

黄金水道

  长江干流通航里程达 2800 多千米。同时，干流与海洋相通，不但便利流域内部与沿海各地的联系，也可以与国外进行经济贸易上的交往，因而有"黄金水道"之称。

  ▶ 长江流域内共有通航河流 3600 多条，占全国内河通航里程的 70%

长江中下游平原

  长江中下游平原主要由长江及其支流所夹带的泥沙冲积而成，总面积约 20 多万平方千米。长江流域地处我国南部，气候和地理环境较佳，是著名的"鱼米之乡"，也是我国人口最密集、经济最发达的地区。

> **note 知识小笔记**
>
>   三峡工程是世界最大的水利枢纽工程，它位于西陵峡中段。

▲ 长江中下游地区是著名的"鱼米之乡"

▲ 长江三峡水利枢纽工程

湖　泊

　　湖泊是陆地上低洼之地形成的水域。无论是白雪皑皑的高山、陡峭的深谷、辽阔的平原还是咆哮的海滨，都能看到湖泊的踪影。湖泊虽然不如海洋浩瀚，但它同样风姿绰约，美丽神奇。

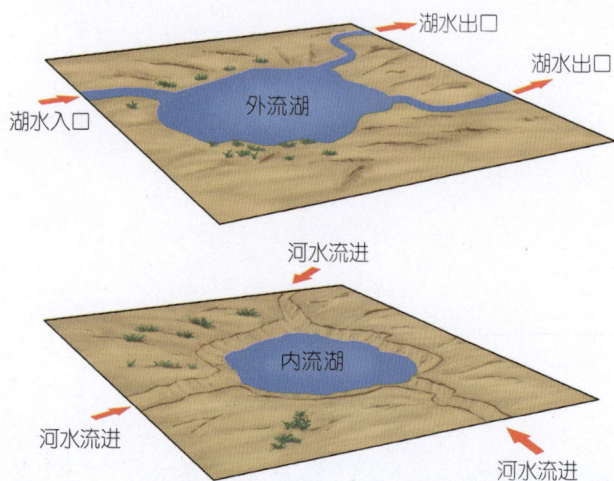

内流湖与外流湖示意图

内流湖与外流湖

　　湖泊有内流湖与外流湖之分。内流湖的特点是有进无出，即水流注入某个水域后不会以任何形式再流出去；而外流湖恰恰相反，它是水流从一侧流入，从另一侧流出，最终流入海洋。

湖泊的变化

　　湖泊中的水体变动小，所以水中携带的泥沙很容易沉积在湖底，使湖底越来越高，最终成为一块陆地。有时湖泊中盐类物质累积得过多，就会变成盐湖。

◀ 中国四大盐湖之一——青海，茶卡盐湖

note 知识小笔记

　　青海湖是我国最大的内陆湖，也是我国最大的咸水湖。

湖泊群

世界上最出名的湖泊群就是美国与加拿大交界处的五大湖。这五大湖分别是苏必利尔湖、密歇根湖、休伦湖、伊利湖和安大略湖，除了密歇根湖全部在美国境内以外，其他湖都是美、加两国共有的。

◀ 从左向右分别为休伦湖、苏必利尔湖、伊利湖和安大略湖

湖盆

湖盆就是指容纳水的洼地，湖泊形成的原因不一样，湖盆的外形也会不一样。总的来说，造就湖盆的因素有地壳运动、冰川运动、火山喷发、陨石撞击等。

▶ 中国最大的湖盆——青海湖位于青藏高原东北部、青海省境内。由祁连山脉的大通山、日月山与青海南山之间的断层陷落形成

▼ 青海湖是维系青藏高原东北部生态安全的重要水体

湖泊资源的保护

湖泊中的淡水是陆地上重要的淡水来源，湖中还有许多鱼虾和植物资源提供给人类。但不合理的开发会使湖泊环境遭到破坏并受到严重污染，所以我们要保护湖泊。

冰 川

　　地球上一些地方长期被冰雪覆盖，积雪越来越多，最后变成了冰。这些厚重的冰雪在重力的作用下，从高处向低处缓慢流动，就形成了冰川。冰川像一个巨大的固体水库，储存着大量的淡水。

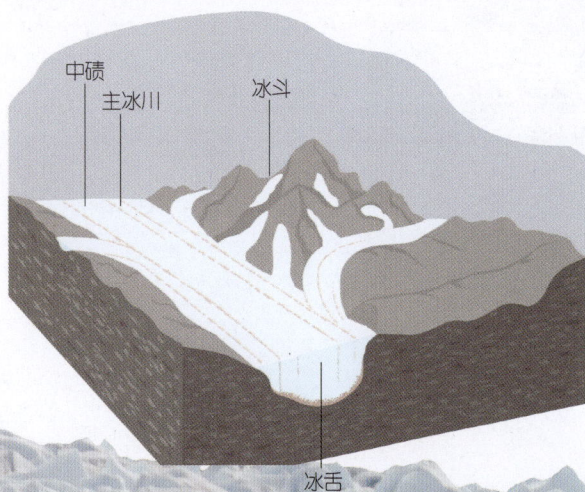

▲ 冰川地貌示意图

冰川的形成

　　冰川是水的另一种存在形式，是雪经过一系列变化转变而来的。新雪降落到地面，经过一个消融季节后，未融化的雪叫作粒雪。随着时间的推移，粒雪再进一步密实或者由融水渗透，再冻结后就成为冰川冰；冰川冰在重力的作用下，沿着山坡慢慢流下来，就形成了冰川。

冰川期

　　在地球形成的过程中，因为气候的变化，地表曾被大面积的冰川所覆盖。那时的地球气温下降，气候异常寒冷，大批动植物都死亡或灭绝了，这样的时期就被称为冰川期。离我们最近的一次冰川期发生在大约 200 万年前，称为第四季冰川期。

会流动的冰川

冰川的冰晶体之间的空隙里包裹着水，水就像润滑剂一样，使冰川在压力和斜度的影响下，缓缓地向下滑动。不过，冰川流动的速度是很慢的，平均每天流动几厘米到几米。

▲ 冰川具有一定的形态和层次，并有可塑性，在重力和压力下，产生塑性流动和块状滑动

南极冰盖

整个南极大陆都被冰盖覆盖着，巨大而深厚的冰层如同一个银铸的大锅盖，倒扣在南极大陆上面，所以又称南极冰盖。南极冰盖的厚度相当惊人，平均厚度2000米，最厚的地方有4800米。

◀ 南极大陆覆盖着平均2000米厚的冰川，是世界上最大的冰川区。这些冰川是世界上最宝贵的淡水资源

莫雷诺冰川

莫雷诺冰川位于南美洲南端，它虽然已有20多万年的历史，是世界上少数"活着"的冰川，但在冰川界尚属"年轻"一族。这里可以看到"冰崩"奇观：一块块巨大的冰块沉入阿根廷湖，发出震耳欲聋的响声，但很快，一切又归于平静。

▼ 莫雷诺冰川

note 知识小笔记

冰川主要分布在南极洲、格陵兰岛、北极等地区。

171

冰　山

冰山是冰川或极地冰盖靠海的一边破裂后落入海中形成的大块淡水冰。露出海面的冰山高度可达上百米，在阳光照射下，洁白如玉，秀丽壮观。但这只是它体积的很小一部分，冰山的大部分都潜藏在海底。

冰山是怎么形成的

冰山并不是海冰结成的，它来自被撞断的冰川。当冰川来到海岸边上，像长长的舌头（叫冰舌）慢慢伸入海中，浮在海洋上的巨大冰块常常会来拜访冰舌，"咚"的一声，巨大的"舌尖"断了，这高大的舌尖就是冰山。

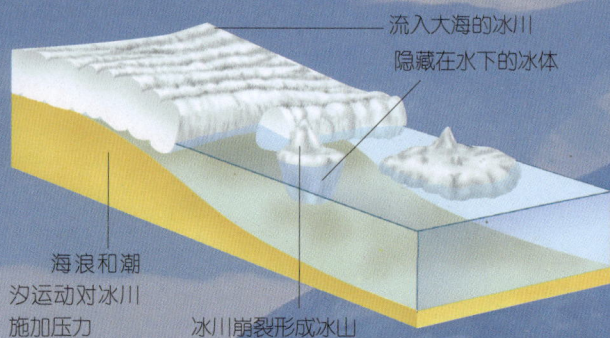

流入大海的冰川
隐藏在水下的冰体
海浪和潮汐运动对冰川施加压力
冰川崩裂形成冰山

可怕的恶魔

由于冰山漂浮在海洋上，使周围的空气变冷了，往往由此形成浓浓的大雾。在海上行驶的轮船如果撞上去，就会造成船毁人亡的惨剧。所以对于航行的轮船来说，冰山就如同一个可怕的大恶魔。

note 知识小笔记

冰山主要分布在南北极和格陵兰岛周围。

不识冰山真面目

　　一般来说，大部分的冰山在水里，只看浮在水面上的冰山根本猜不出水下部分的形状及高度。冰山非常结实，很容易损坏金属板，它成了海洋运输中的极端危险因素。

▶ 冰山露出水面的一角仅仅是整座冰山体积的1/10

最惨重的海难

　　1912年4月10日，当时世界上最豪华的巨型客轮——"泰坦尼克"号首次航行。当它行驶到纽芬兰岛附近的冰海区域时，与一座冰山相撞，几小时后沉没，1500多名乘客葬身海底。这是世界上最为惨重的一次海难。

▼ 泰坦尼克号插图，由德国艺术家威利·斯托尔（1864~1931年）绘制

水域

173

瀑　布

瀑布是河流流经断层或凹陷地的时候，水从高处垂直跌落而形成的自然景观。瀑布常被称为"大地的水帘"，有的瀑布像轻纱般轻柔缥缈，有的瀑布犹如万马奔腾，这美丽的景观让人心驰神往。

不同的瀑布

根据所处地区的不同，瀑布可以被分为山谷瀑布、岩溶瀑布、火山瀑布和高原瀑布；根据瀑布的形状可以分为垂帘型瀑布和细长型瀑布。

▲ 维多利亚瀑布宽 1700 多米，最高处 108 米，为世界著名瀑布奇观之一

◀ 位于南美洲委内瑞拉境内的安赫尔瀑布，是世界上落差最大的瀑布

▲ 飞流而下的瀑布带来巨大的水量

巨大的水量

因为瀑布几乎是垂直落下的，所以在极短的时间里就可以向下方输送大量的水。即使在上游水流量并不大的河里，因为瀑布中水的速度增加，也会使水量增大。

容易消失

瀑布的水量凶猛，所以对山崖造成的磨损也快。尤其是那些岩石凸出的山崖，会在水流的冲刷下迅速地磨损，所以瀑布存在的时间是有限的。随着时间的流逝，水流慢慢就会在山崖上开凿出一条水道，而瀑布则消失了。

知识小笔记

黄果树瀑布是我国最大的瀑布。

▲ 据 1842~1927 年观测记录，尼亚加拉瀑布平均每年后退 1.02 米，落差也在逐渐减小，照此下去，再过 5 万年左右，瀑布将完全消失

壶口瀑布

黄河壶口瀑布位于山西省吉县和陕西省宜川县之间，是我国著名的瀑布。因为瀑布所处地形就像一个沸腾的巨壶，因此这里被称为壶口。壶口瀑布宽 30 余米，深 50 余米，滚滚黄河水奔流至此，倒悬倾注，惊涛怒吼，非常壮观。

▶ 壶口瀑布气势磅礴，犹如万马奔腾

世界最宽的瀑布

南美洲的伊瓜苏瀑布位于阿根廷和巴西两国交界处的伊瓜苏河上，"伊瓜苏"一词在巴西语中是"大水"的意思。瀑布流水顺着马蹄形的峡谷奔流而下，被山前的岩石切割成 275 个大小不等的瀑布。

地下水

除了地球表面的海洋外，陆地下还有一个"海洋"呢，而且这个"海洋"的水量相当于陆地上所有河湖水量的 200 多倍，这便是地下水。它总是躲在岩石、沙砾、土壤内部的孔隙或裂隙中。

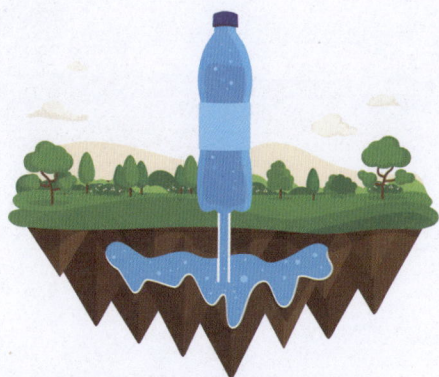

地下水的来源

地下水主要来自降水和冰雪融水。地球上的水一部分蒸发到大气中了，一部分随着径流流走了，一部分渗到地底下变成了地下水。空气中的水蒸气也是地下水的一个来源，它们钻进地下，凝结在土壤颗粒上。

▼ 地下水和地表水的相互转换是研究水量关系的主要内容之一

note 知识小笔记

井水和泉水是我们日常使用最多的地下水。

丰富的地下水

地下水是一个庞大的家庭。据估算，全世界的地下水总量多达1.5亿立方千米，几乎占地球总水量的 1/10，比整个大西洋的水量还要多。

▶ 利用地下泉水制成的水井灌溉

泉水

地下水是储存在地下岩石空隙中的水。泉就是地下水集中流出地表形成的，许多河流的发源地都是泉水，它供给河流，然后河流在漫长的旅程中哺育生命。

◀ 清澈的竹山泉

天下第一泉

趵突泉位于中国著名的泉城济南，泉水是从地下石灰岩溶洞中涌出的，每日最大涌量达到 24 万立方米。相传乾隆皇帝下江南，出京时带的是北京玉泉水，到济南品尝了趵突泉水后，便决定带趵突泉水，并封趵突泉为"天下第一泉"。

▶ 趵突泉水质含菌量极低

177

温　泉

　　温泉的水多是由降水或地表水渗入地下深处，吸收四周岩石的热量后又上升流出地表的。温泉的形成必须具备三个条件，即有热源存在、岩层中有让温泉涌出的裂隙、地层中有储存热水的空间。

温泉的分类

　　根据温泉产生的地质特性，可将温泉分为火成岩区温泉、变质岩区温泉、沉积岩区温泉；根据温泉流出地表时与当地地表的温度差，可以分为低温温泉、中温温泉、高温温泉和沸腾温泉 4 种。

　　◀ 黄石公园间歇喷泉是由地壳内部的岩浆作用所形成

▲ 即使日本拥有众多名汤，别府也能轻易坐享"温泉王国"的美名

知识小笔记

　　我国温泉分布最多的地方是云南，以腾冲的温泉最著名。

温泉王国

　　频繁的地壳活动造就了日本星罗棋布的温泉。日本从北到南约有 2600 多座温泉，有 7.5 万家温泉旅馆。

▲ 正在喷发的盖策泉

▲ 新西兰北岛，香槟池

▼ 美国黄石公园的老忠实泉

冰岛的盖策泉

在冰岛首都雷克雅未克附近，有一眼举世闻名的间歇泉——盖策泉。这个泉在平静时是一个直径 20 米、被热水灌得满满的圆池，泉水缓缓流出。平静一段时间后，泉水开始翻滚，随之有一条水柱冲天而起，这条水柱最高可达 70 米。

间歇泉

间歇泉的水不是从泉眼里不停地喷涌出来，而是喷了几分钟、几十分钟后就自动停止，隔一段时间，又会发生一次新的喷发。世界上著名的间歇泉主要分布在冰岛、美国黄石公园和新西兰北岛的陶波。

温泉的用途

经常泡温泉可以使人体的肌肉、关节松弛，使人消除疲劳；还可扩张血管，促进血液循环，加速人体新陈代谢；对于糖尿病、痛风、神经痛、关节炎等疾病也有很好的疗效。

◀ 经常泡温泉有益身体健康

179

运　河

运河是人工开凿的通航的河流，主要是为了方便水上运输。运河大都位于接近海洋的陆地上，起沟通内河与海洋的作用。即使在今天，许多运河依然是人们水上运输的重要通道。

运河的开凿

在古代，水运要比车马运输容易，但是主要运输河道之间不一定都有合适的连接河道，所以人们开凿运河来连接不同的水域，以实现快速运输货物的目的。

◀ 古运河无锡段为古运河重要的组成部分。积淀了无锡独有的吴地民情民俗，有锡剧、吴歌、江南丝竹等民间艺术，以及惠山泥人、纸马、锡绣等民间工艺，还有河灯、庙会节场、提灯会等民间民俗

▼ 京杭大运河是贯穿南北的大动脉，在交通运输中起着重要作用

世界最长的运河

我国的京杭大运河是隋朝时期隋炀帝下令开凿的，它是世界上开凿最早，里程最长的大运河。它南起浙江杭州，北至北京通县北关，全长 1797 千米，贯通六省市，流经钱塘江、长江、淮河、黄河、海河五大水系。

note 知识小笔记

我国在 3000 年前的春秋时期就开始修建运河了。

世界十大运河

运河名称	所属国家	长度（千米）
京杭大运河	中国	1797
伊利运河	美国	584
苏伊士运河	埃及	193.3
阿尔贝特运河	比利时	130
莫斯科运河	俄罗斯	128
伏尔加河-顿河运河	俄罗斯	101
基尔运河	德国	98.26
约塔运河	瑞典	190.5
巴拿马运河	巴拿马共和国	81.3
曼彻斯特运河	英国	58

巴拿马运河

巴拿马运河位于南美洲巴拿马共和国的中部，是沟通太平洋和大西洋的航运要道。它全长 81.3 千米，水深 13~15 米，河宽 152~304 米，可以通航 76000 吨级的轮船。

▼ 巴拿马运河的交通流量是世界贸易的晴雨表

▼ 苏伊士运河是沟通大西洋和印度洋的通道，也是世界上运输最繁忙的运河之一

苏伊士运河

苏伊士运河是重要的国际通航运河，全长 193.3 千米。它位于埃及东北部，贯通苏伊士海峡，接连地中海和红海，沟通大西洋与印度洋，占据着欧、亚、非的交通要道，是世界上货运量最大、运输最繁忙的国际运河。

水污染

　　水是生命之源，是生物体内最主要的成分。如果没有水，地球上所有的生命都会消失。但是如今水资源的情况不容乐观，工厂的化学废水及人类的生活污水都使水域受到了污染。

工业废水

　　水污染的污染源主要来自工厂排放的工业废水。工业废水中含有许多工业废料和废渣，它们都是污染物质，一旦流入水中，水质就会变得又黑又臭，导致大批动植物死亡。

▲ 水质检测

▼ 工业排放的污水和被石油污染的水

▼ 生活污水

生活污水

　　我们日常生活中洗衣、洗菜、洗餐具、洗澡的废水都被称为生活污水，生活污水是水污染的一大来源。这些污水里含有大量的氮、磷等成分，它们一旦流入湖泊或近海海域就会引发赤潮。

▲ 被化学染料污染的河水

染料污染

化学染料在印染过程中排放的废水，会对环境造成严重的污染。有些化学染料会引起皮肤过敏，有些化学染料会分解有毒的气体，危害人体健康。

淡水危机

地球上的淡水资源分布很不均匀，如今大批的河流、湖泊又受到了污染，这使得地球上许多地方严重缺水。我国人口占世界的 1/4，淡水拥有量却只占 8%，全国有 40 多个城市严重缺水，每天缺水量达 2000 多万吨。

▶ 淡水资源短缺问题越来越普遍

赤潮

赤潮又称红潮，通常是指海洋微藻、细菌和原生动物在海水中过度增殖或聚集致使海水变色的一种现象。这是一种有害的生态现象，它能导致水中缺氧，影响渔业生产，间接影响人的健康。

▼ 全球气候的变化也导致了赤潮的频繁发生

note 知识小笔记

我国已被联合国列为世界上 13 个缺水国家之一。

183

陆上岛屿

　　除了海洋之外，陆地上也有一些美丽的岛屿，主要包括湖心岛和半岛。湖心岛通常分布在湖泊中，半岛是大陆向海洋或湖泊延伸的一部分陆地。有了这些岛屿的点缀，陆地的风光才更加美丽迷人。

湖心岛

在一些天然或人工开凿的湖泊中，常有一些小岛散布其间，位于湖中心的岛就被称为湖心岛。有的湖心岛是天然形成的，有的湖心岛是人工修建的，它们与湖泊融为一体，是大自然最美丽的风景之一。

湖心岛的形成

神龙岛是浙江千岛湖众多的岛屿之一，是一个纯人工开发的小岛。岛上现放养有 50 余种、10000 多条蛇，堪称千岛湖中的蛇类世界。蛇池内的毒蛇有五步蛇、眼镜蛇、竹叶青等，树枝上还盘有许多种类的微毒蛇，如玉斑锦蛇、火赤链蛇等。

> **note 知识小笔记**
>
> 千岛湖有猴岛、龙山岛、梅峰岛等一千多个岛屿。

人工湖

人工湖一般是人们有计划、有目的的挖掘出来的一种湖泊，是非自然环境下产生的，包括景观湖和大型的水库。

▼ 千岛湖水在中国大江大湖中位居优质水之首，为国家一级水体，被誉为"天下第一秀水"

罗亚尔岛

罗亚尔岛位于美国密歇根州，长 72 千米，最宽处达 14 千米，是苏必利尔湖上最大的岛。岛上树木繁茂，鸟语花香，已被建为国家公园。游客可以乘独木舟或徒步游览，也可以在河边享受垂钓的乐趣。

◀ 罗亚尔岛

玛琳湖中的精灵岛

玛琳湖是落基山脉中最美丽的湖泊之一，也是加拿大落基山脉最大的冰河湖。玛琳湖位于杰士伯镇东南方 48 千米处，湖南北长约 22.5 千米，东西长约 1.5 千米，是一个长形冰河湖泊。在湖中有一个名叫精灵岛的小岛，岛上有笔直苍翠的针叶林，景色十分优美。

▼ 玛琳湖中的精灵岛

三角洲

三角洲又称"河口平原"。从平面上看，它的形状呈三角形，所以叫"三角洲"。三角洲的面积较大，土质肥沃，非常适合耕作，所以三角洲地区一般是人口密集、经济繁荣的地方。

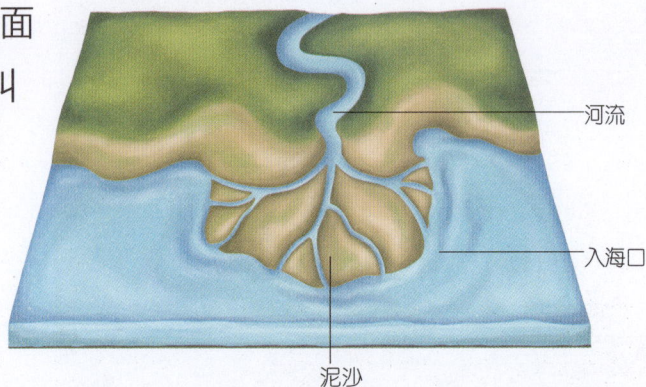

河流
入海口
泥沙

▲ 河流到达入海口后流速逐渐减慢，水中的泥沙不断淤积下来，长年累月后便形成了三角洲

世界最大的三角洲

世界最大的三角洲是亚洲的恒河三角洲，面积约有 6.5 万平方千米。恒河下游分流纵横，主要水道有 8 条，在入孟加拉湾处又与布拉马普特拉河汇合，形成了广阔的恒河三角洲。

◀ 恒河三角洲

密西西比河三角洲

美国的密西西比河三角洲，东西宽 300 千米。由于各支流附近每年都沉积大量冲积物，因而使三角洲的面积不断扩大，目前它仍以平均每年扩张 75 米的速度向墨西哥湾延伸。

▶ 美国人将密西西比河称为"大泥河"，它的三角洲正是河水流向大海的入海口

▲ 长江三角洲

陆上岛屿

长江三角洲

　　长江三角洲位于江苏省镇江以东，杭州湾以北，面积约为 5 万平方千米。这里土地肥沃，有"水乡泽国"之称，而且工业基础雄厚、商品经济发达、水陆交通方便，是我国最大的外贸出口基地。

> **note 知识小笔记**
>
> 　　多瑙河三角洲是目前世界上保存得最好的三角洲。

▶ 多瑙河三角洲风光绚丽，资源丰富

湄公河三角洲

　　湄公河三角洲又称九龙江平原，位于越南最南部，面积约 4.4 万平方千米，是越南第一大平原。越南南方 60%~70% 的农业人口集中在此，所以这里也是越南人口最密集的地方。

◀ 湄公河三角洲是越南主要的稻米生产基地，东南亚著名的稻米产区之一

189

亚平宁半岛

亚平宁半岛位于意大利南部，全长约 960 千米，面积约 25.1 万平方千米。它西临第勒尼安海和利古里亚海，东临亚得里亚海，南临爱奥尼亚海，北以阿尔卑斯山脉同中欧、西欧相连，自波河平原向南伸向地中海。

欧洲三大半岛

亚平宁半岛与西班牙、葡萄牙所在的伊比利亚半岛、希腊等国所在的巴尔干半岛并称为欧洲三大半岛。除了整个亚平宁山脉、圣马力诺及梵蒂冈在半岛上之外，意大利的大部分国土也在其中。

▼ 亚平宁半岛因形如一只靴子而被戏称为靴型半岛

▲ 亚平宁山脉

▲ 梵蒂冈

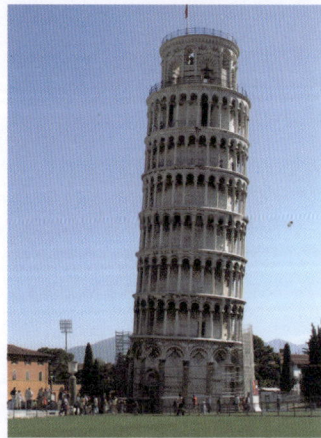

▲ 意大利比萨斜塔

知识小笔记

亚平宁半岛是典型的地中海式气候，夏季干热，冬季温湿。

优越的地理环境

　　亚平宁半岛的海岸线曲折，沿岸有许多天然海港，主要港口有热那亚、那不勒斯、塔兰托、威尼斯等。"水城"威尼斯、文艺复兴时期文化艺术中心佛罗伦萨、古罗马首都罗马城及那不勒斯附近的维苏威火山等是附近著名的旅游胜地。

▲ 佛罗伦萨

▲ 维苏威火山

大科尔诺山

　　大科尔诺山海拔 2914 米，是亚平宁半岛最高的山脉。东坡缓，西坡陡。多火山、地震，著名的维苏威火山和庞贝古城就在半岛中西部。

▶ 大科尔诺山

台伯河

　　台伯河源自亚平宁山脉海拔 1268 米的西坡，纵贯亚平宁半岛中部，经罗马市区后注入第勒尼安海，全长 405 千米。台伯河是罗马市内最主要的一条河，罗马城就在台伯河下游，跨台伯河两岸。

▼ 台伯河

191

阿拉伯半岛

阿拉伯半岛位于亚洲西南部，与印度半岛、中南半岛并称为亚洲三大半岛。这里气候终年炎热，缺少常年有水的河流和湖泊，因此形成了大片的沙漠，"阿拉伯"一词就是沙漠的意思。

世界上最大的半岛

阿拉伯半岛位于亚洲和非洲之间，它从中东向东南方伸入印度洋。阿拉伯半岛南北全长约 2240 千米，东西宽 1200~1900 千米，总面积达 322 万平方千米，是世界上最大的半岛。

◀ 阿拉伯半岛的气候非常干燥，几乎整个半岛都是热带沙漠气候区

阿拉伯半岛的形成

大约在一千多万年前，地中海和印度洋之间的大陆是连在一起的。后来发生了地壳大变动，形成了东非大裂谷，陆地中间陷落成为红海。红海把亚非大陆截然分开，红海东边的一块土地成了一个略呈长方形的半岛——阿拉伯半岛。

▶ 阿拉伯半岛

丰富的资源

阿拉伯半岛及附近的海湾中蕴藏着大量的石油和天然气，岛上许多国家都以此为经济支柱。沙特阿拉伯是世界上生产石油最多的国家，石油工业的产值占国民经济总产值的 80% 以上，被称为"石油王国"。

▶ 沙特阿拉伯首都利雅得

▲ 也门城市亚丁位于阿拉伯半岛的西南端，这里干燥少雨，年降雨量只有 41 毫米

陆上岛屿

note **知识小笔记**

沙特阿拉伯是阿拉伯半岛上最大的国家。

炎热的气候

阿拉伯半岛是世界上最热的地区之一，年平均气温都在 20℃ 以上，最热的 7 月平均气温超过 30℃。南部地区更加酷热，如半岛南端的亚丁，年平均气温为 28.9℃，最高气温甚至达到 55℃。

鲁卜哈利沙漠

鲁卜哈利沙漠大部分在沙特阿拉伯境内，是世界上最大的流动沙漠。当地为数不多的贝都因游牧人平常不称它为鲁卜哈利沙漠，而简单地称作"赖姆莱"（意为"沙"）。

▲ 鲁卜哈利沙漠

日德兰半岛

日德兰半岛位于欧洲北部，介于北海和波罗的海之间，丹麦国土大部分位于日德兰半岛上。日德兰半岛西临北海，北临斯卡格拉克海峡，东临卡特加特海峡和小贝尔特海峡。

形成原因

日德兰半岛和附近岛屿在第四纪冰期时全境被冰川覆盖。冰川消退后，留下的冰碛物形成低缓起伏的冰碛平原和冰碛湖。冰期结束后，海平面上升，加上局部地面沉降，使原来的陆地分成半岛和岛屿。

▶ 根据丹麦著名作家安徒生的童话《海的女儿》雕塑出来的艺术作品

知识小笔记

1916年5月31日，英国和德国海军唯一的一次大战——日德兰半岛之战发生在日德兰半岛北面的斯卡格拉克海峡。

▼ 日德兰半岛位于北海和波罗的海之间，构成丹麦国土的大部分

美人鱼铜像

美人鱼铜像是丹麦的象征。它位于丹麦首都哥本哈根朗厄里尼港入口处一块巨大的鹅卵石上，它是根据安徒生童话《海的女儿》中女主角的形象用青铜雕铸的。

▲ 日德兰半岛北海沿岸有着宽阔的沙滩，沙丘上长着丛丛灌木

地理特点

日德兰半岛北部的沙滩和中部的湖泊，到处可见冰河时代形成的遗迹。半岛东部多峡湾，海岸线曲折，有利于航运和发展渔业。这里矿产缺乏，仅有少量褐煤和高岭土。

耶林墓家

耶林墓家是日德兰半岛久负盛名的人文景观，位于日德兰半岛中部，是丹麦王室的创立者高姆和他的儿子"蓝牙王"哈拉尔安息之所。

▶ 哈拉尔国王为了纪念他的父母，便在父母坟墓上立了一块刻有北欧古文字的石碑，碑文是用一种早期日耳曼人使用的文字——卢恩文写成的。丹麦人把耶林石碑说成是丹麦王国诞生的证明，该石碑直到今天仍受到举国上下的尊敬

安徒生博物馆

安徒生博物馆位于丹麦菲茵岛中部的奥登塞市区，它是为纪念丹麦伟大的童话作家安徒生诞生 100 周年而建立的。博物馆共有陈列室18 间，前 12 间按时间顺序介绍安徒生生平及其各时期作品，第 13~18间收集了来自世界各国出版的安徒生的作品。

▶ 安徒生博物馆

195

西岱岛

　　西岱岛位于法国巴黎的塞纳河中，是法国文化和法兰西民族的发源地，现在依然是法国文化、政治界名流必居之地。西岱岛的景色优雅迷人，周围有卢浮宫、巴黎圣母院、巴士底狱等历史悠久的建筑。

西岱岛的历史

　　公元前3世纪，法国还没有什么城市，巴黎的市镇只有一个叫吕岱安的小岛。公元前52年，恺撒大帝的罗马军队沿着塞纳河浩浩荡荡地来到这里。在其后的几个世纪，罗马人在这里修道路、挖水渠，筑宫殿……西岱岛周围逐渐形成了城市。

▲ 恺撒大帝，罗马共和国末期杰出的军事统帅、政治家

交相辉映

　　西岱岛是塞纳河中两个相近的小岛中的一个，另一个在它的近旁，叫圣路易岛。两个岛屿相距50米，由一座小小的圣路易桥相连，非常精巧地镶嵌在塞纳河中。西岱岛东侧就是始建于1163年，历时182年建成的巴黎圣母院。

◀ 巴黎圣母院坐落于巴黎市中心塞纳河中的西岱岛上

note 知识小笔记

　　西岱岛是巴黎最中心、最古老的地方。

196

浓厚的文化气息

  法国以艺术和文化出名。巴黎人从西岱岛吕岱斯时代开始，就呼吸在文化艺术的空气里，浸泡在文化艺术的甘露里。宏伟的巴黎圣母院、闻名遐迩的埃菲尔铁塔、艺术殿堂卢浮宫、奇特的蓬皮杜艺术中心……处处都流露出浓厚的文化气息。

▲ 乔治·蓬皮杜国家艺术文化中心

▶ 埃菲尔铁塔

▲ 卢浮宫位于法国巴黎市中心的塞纳河边，原是法国的王宫，现在是卢浮宫博物馆，拥有的艺术收藏品达 40 万件，包括雕塑、绘画、美术工艺及古代东方、古代埃及、古希腊、古罗马 7 个门类

自然灾害

自然灾害是指自然界中所发生的异常现象，如洪水、地震、火山爆发等都属于自然灾害，它们对人类社会所造成的危害往往是触目惊心的。如何减少和消灭这些自然灾害，已成为国际社会的一个共同主题。

龙卷风

　　有的时候，地面上会突然出现一种高速旋转的风，这种风就是龙卷风。龙卷风的破坏能力非常大，往往使成片庄稼、树木瞬间被毁，令交通中断、房屋倒塌、人畜生命遭受威胁并造成严重的经济损失。

龙卷风的威力

　　龙卷风是一种强烈的旋风，它一边旋转，一边向前移动。它的上端与积雨云相接，下端有的悬在半空中，有的直接延伸到地面或水面。龙卷风的破坏力非常惊人，它不仅可以将大树连根拔起，还能把 100 多吨的重物举到 10 米以上的高空，并摔出百米远。

▲ 龙卷风过后只留下一片狼藉

龙卷风的特点

　　龙卷风通常是极其快速的，每秒钟 100 米的风速不足为奇，最快时每秒钟可达 175 米以上。龙卷风的范围很小，一般直径在 25~100 米，只在极少数的情况下直径才达到 1000 米以上。其从发生到消失只有几分钟，最多几个小时。

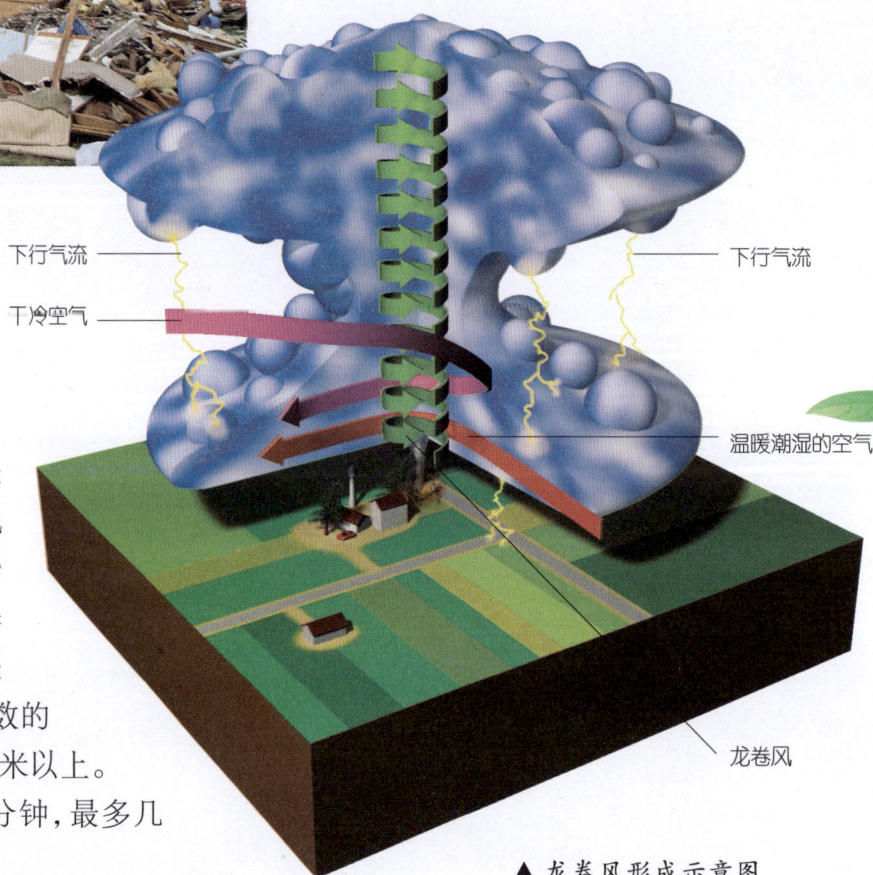

下行气流
下冷空气
下行气流
温暖潮湿的空气
龙卷风

▲ 龙卷风形成示意图

一般情况下，龙卷风是一种气旋。它在接触地面时，直径在几米到1千米不等，平均200米至300米

高大的卷筒

当龙卷风袭来的时候，我们会看到一条直通天空的旋转的筒子。龙卷风在移动时卷起地面的灰尘，这些灰尘使龙卷风看起来是一条灰色的筒子。

龙卷风多发季节

龙卷风通常都发生在夏季天气变化剧烈的时候，尤其是雷雨天气，在下午至傍晚最为多见。在龙卷风发生以前，气温会突然发生改变，这样会促使龙卷风形成。

▼ 龙卷风威力巨大，可以卷走房子的屋顶

note 知识小笔记

发生龙卷风最多的国家是美国。

沙尘暴

　　在春季，有时候天空中会布满含有黄沙的厚厚云层，此时整个天空会变成可怕的土黄色，这就预示着沙尘暴要来临了。在沙尘暴经过的地方会刮起强烈的风沙，严重阻碍交通，也会给环境造成很大的破坏。

强烈的风

　　如果一个地区没有减缓风速的植被，当刮起风的时候，风速会越来越强烈。强烈的风会把地面上的沙子和土壤卷起来，吹到空中，这些沙子借助风的力量向其他地方入侵。

▶ 沙尘暴来临时风沙漫天

沙尘暴的季节

　　初春时，从北方吹来的冷空气会把枯萎的草原和荒漠的沙砾卷起来，制造大量沙尘暴。干旱地区的沙尘暴很大，风吹来的沙子甚至会将一些土壤埋没，对这些地方居住的人造成很大的威胁。

◀ 沙尘暴阻断交通

最远飘到海边

虽然沙子比空气要重得多，但是在强风的吹拂下，它们可以到达很远的地方。比如，起源于中亚草原的沙尘暴可以一直刮到海边。

▶ 撒哈拉大沙漠的红色沙尘也常侵袭红海上空，将天空染成一片红

◀ 在塔克拉玛干沙漠，狂风能将沙墙吹起，高度可达地面的 3 倍

防治沙尘暴

现在唯一阻止沙尘暴的方式就是提高土壤的植被覆盖率，但这是一个很困难的事情。因为各地区的天气变化不同，所以植被生长的情况也不同。比如，在早春的中亚，这里的植被还没有生长出来，就不能阻挡沙尘暴的袭击。

note 知识小笔记

塔克拉玛干沙漠是我国境内沙尘暴天气的高发区。

▼ 为了防止水土流失，人们已经开始大面积绿化造林了

冰 雹

　　冰雹也被称为雹子，是一种特殊的降水，经常在春夏之交的时候发生。和降雨、降雪不同的是，冰雹会对地面上的农作物、植物和动物造成伤害，给农业生产和人身安全带来危险。

冰雹的形成

　　当富含水汽的云极速变冷，内部的水汽会凝聚成冰晶。此时，云下面还有很强的气流冲击，使这些冰晶无法落到地面，直到这些冰晶长成冰粒，气流托不住它们了，这些冰粒就落下来，成为冰雹。

◀ 冰雹是一些小如绿豆、黄豆，大似栗子、鸡蛋的冰粒

▲ 被冰雹砸坏的梨

冰雹多发区

　　冰雹大多发生在内陆山区的山谷之间，这里的地形容易形成较强的对流天气，为冰雹的形成创造了条件。据统计，每年的 4~7 月是冰雹的多发期。

含冰雹的云

含冰雹的云是由水滴、冰晶和雪花组成的，一般分为三层：最下面一层温度在 0℃以上，由水滴组成；中间温度为-20~0℃，由水滴、冰晶和雪花组成；最上面一层温度在-20℃以下，基本上由冰晶和雪花组成。

▶ 形成冰雹的云是一种十分强盛的积雨云，只有发展特别旺盛的积雨云才可能形成冰雹

note 知识小笔记

通常冰雹降落的范围不大，持续时间也不会特别长。

冰雹的防治

现代发达的气象和通信技术使人们可以很快获知冰雹云的到来，并提前准备好预防。当一片冰雹云飘来的时候，我们可以采用化学物质、火箭等手段驱散雹云，保证地面人员和财产的安全。

在温度较高、水汽比较充沛的云的下部，水滴在雹胚表面形成水膜，水膜冻结后，就形成了气泡比较少的透明冰层

当冰块增大到气流托不住的时候，就落到地面上成为冰雹

雹胚在云内随着气流升降，形成雹块

碘化银微粒被炮弹送到雹云中去，在云中与雹胚争夺水汽

▶ 驱散冰雹示意图

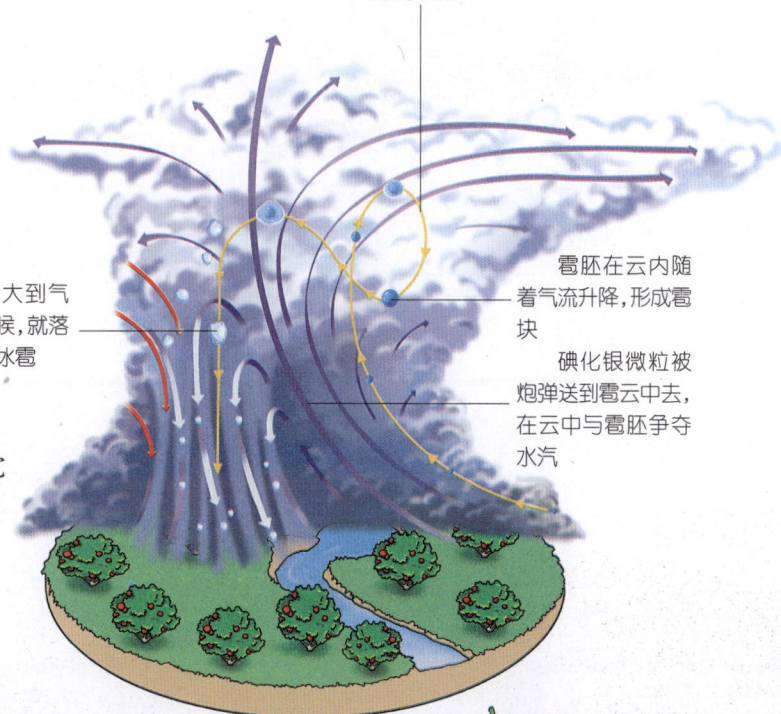

用来消雹的碘化银微粒，一般装在炮弹中，用高炮或火箭把它发射到雹云中去

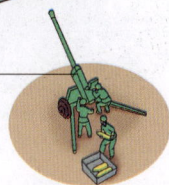

205

火山爆发

地壳下 100~150 千米处的岩浆在高温高压下，从地壳薄弱的地方冲出地表就形成了火山。火山爆发是地球内部能量释放的一种方式，这个灾难性的自然现象曾使很多传说中的人类文明消失于瞬间。

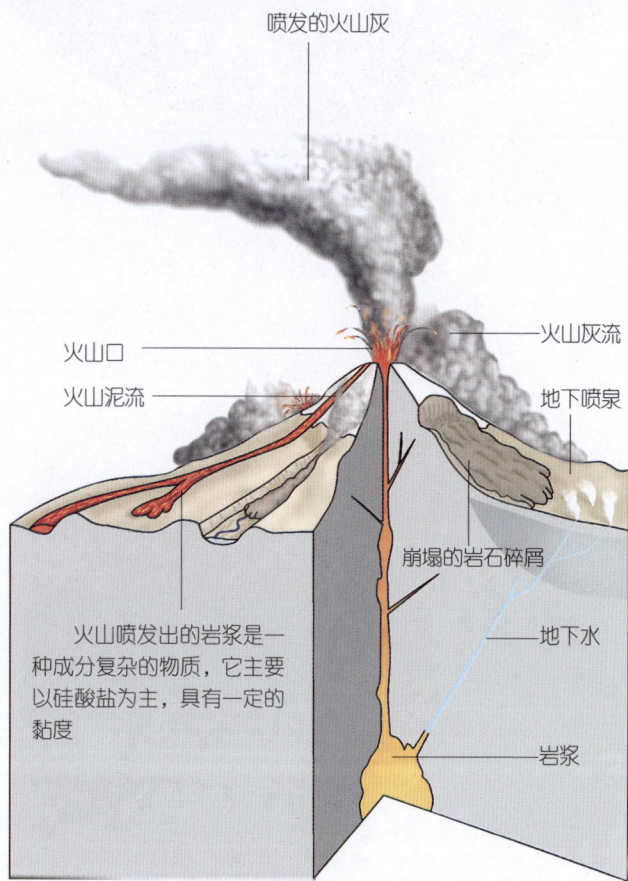

喷发的火山灰

火山口

火山泥流

火山灰流

地下喷泉

崩塌的岩石碎屑

火山喷发出的岩浆是一种成分复杂的物质，它主要以硅酸盐为主，具有一定的黏度

地下水

岩浆

▲ 火山喷发示意图

火山的种类

按火山活动情况可将火山分为三类：活火山、死火山和休眠火山。死火山指以前发生过喷发，但有人类历史记录以来一直没有发生喷发的火山；休眠火山就是长期以来处于相对静止状态的火山；活火山是指今天还在不断喷发的火山。

> **note 知识小笔记**
>
> 公元 79 年的维苏威火山爆发使庞贝古城从地球上消失了。

冒纳罗亚火山

冒纳罗亚火山是世界上活动力非常旺盛的火山之一，它位于美国夏威夷群岛的中部，海拔 4170 米。18 世纪以来，该火山共喷发了 35 次。

▼ 冒纳凯阿火山

岩浆和火山灰

岩浆是由熔融状的硅酸盐和部分熔融的岩石组成的，火山灰由岩石、矿物和玻璃状碎片组成。火山灰可以在平流层长期驻留，从而对地球气候产生严重影响，也会对人、畜的呼吸系统产生不良影响。

▶ 火山喷发是地球上最有威力的自然现象，它呈现了大自然的疯狂面目

世界最高的死火山

世界最高的死火山是阿空加瓜山，它位于南美洲阿根廷境内，海拔 6959 米。它不但是美洲最高的山，也是整个西半球的最高峰。

▼ 阿根廷境内的阿空加瓜山是世界最高的死火山

地　震

当地壳突然断裂的时候，就会释放大量能量，造成大地震动。强烈的地震会在几分钟内使整个城市变成废墟，造成大量人员伤亡，还会引发火灾、泥石流等灾难。

▲ 地震原理示意图

产生原因

地震是一种由地壳运动造成的自然灾难现象。地球上板块与板块之间相互挤压碰撞，造成板块边沿及板块内部产生错动和破裂，是引起地震的主要原因。

最早探测地震的仪器

世界上最早探测地震的仪器是由我国东汉时期的天文学家张衡发明的。该仪器外壁均匀地分布着 8 条口含铜丸的铜龙，每条龙的下方各有一个张开嘴的蟾蜍。地震发生时，朝向地震发生方向的那条龙嘴里的铜丸就会掉到下面蟾蜍的嘴里。

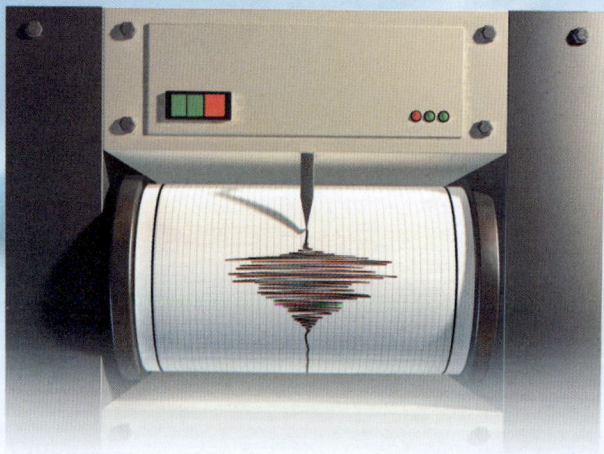

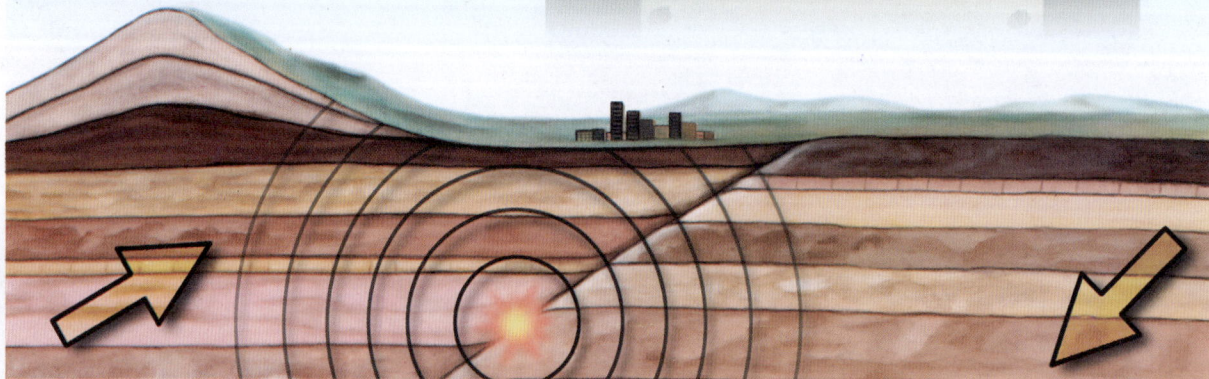

▲ 现代地震仪

横波和纵波

当地震发生时，我们首先感受到上下晃动，这是由于纵波到达的缘故，紧接着横波就过来了，然后大地开始左右前后摇动。在一次地震中，横波一般要比纵波晚一些到达，不过它的破坏性却比纵波强得多。

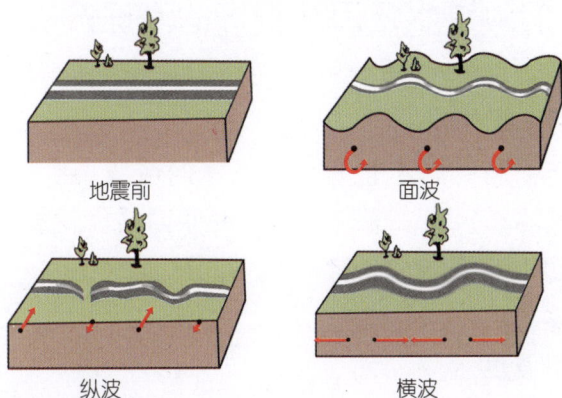

地震前

面波

纵波

横波

地震震级

地震大小根据其释放能量的多少来划分，用"级"来表示。地震越强震级越大，对环境造成的破坏性也越大。根据理论计算，地球上最大的地震是9级。

note **知识小笔记**

唐山地震及汶川地震是我国自新中国成立以来破坏性最强的地震。

未卜先知的动物

老鼠、猫、狗、蚂蚁等动物通常在地震来临前，都会表现得烦躁不安，出现许多异常行为。一些学者认为这些动物可以感觉到地震到来前环境中一些微小的变化。

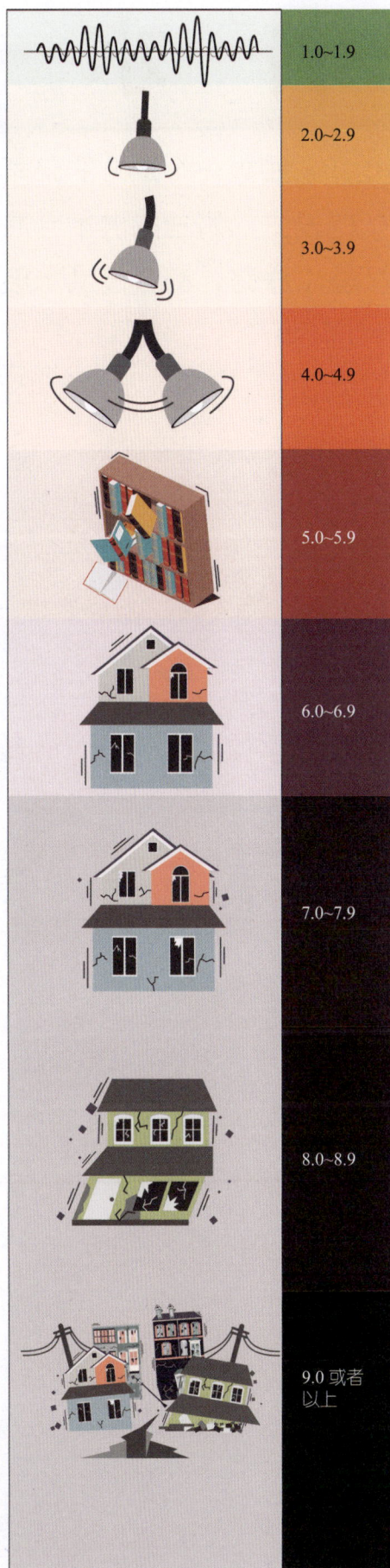

▶ 震级

1.0~1.9

2.0~2.9

3.0~3.9

4.0~4.9

5.0~5.9

6.0~6.9

7.0~7.9

8.0~8.9

9.0 或者以上

自然灾害

洪　水

如果一个地方的降雨量过大，会造成江河湖泊的水位暴涨，导致洪水的发生。疯狂的洪水会冲毁所有阻碍它们的东西，无论是房子、农田、公路、铁路，都会被洪水破坏。至今，人们对洪水还没有很好的治理方法。

持续降水

持续降水也有引起洪水的可能。因为世界水资源分布很不均匀，一些河流湖泊聚集的地方通常也是降雨量多的地方，如果这些地方的降雨量超出了正常的标准，将很容易引发洪水。

◀ 洪水给人们的生产、生活带来巨大危害，也给经济造成重大损失

特大暴雨

在我国，把日降雨量超过 250 毫米的强降雨称为特大暴雨。特大暴雨会在短时间内使河流湖泊水位猛烈上涨，很容易引发洪水。所以，一个地方有特大暴雨警报的时候，这个地方就要做好准备，组织抗洪抢险。

洪水多发区

河流、湖泊、海边和水坝等水量充足的地方都有可能发生洪水，湖泊水位过高、河流堤坝的溃烂和水坝事故都是洪水发生的原因。

▲ 洪水

泄洪

当洪水已经无法避免的时候，人们会采取泄洪的方法将损失减小到最低。泄洪的区域一般会选在有利于洪水消退的地区，而且会尽量避开人口密集的地区。

▲ 泄洪

都江堰的修建

人类历史上曾经多次遭遇洪水，这些洪水给人类带来了巨大的灾难。古代的人们用输导的办法来降低洪水发生的危险，其中最著名的古代水利工程就是都江堰，它的修建有效制止了洪水的泛滥。

▼ 李冰是战国时期秦国的太守，他和儿子率领部下修建了都江堰这一举世闻名的水利工程

干 旱

地球上并不是每个地方都会风调雨顺，有时候一些地方的降水很少，这时这里就面临干旱的天气。干旱会给人类的生存造成很大的威胁。

▲ 干旱的地形地貌

怎么才算干旱

干旱并不是指一点雨也不下，而是和以往相比，降水量明显偏低，以至于不能满足地面上生物的需求，因此干旱不仅仅出现在大陆内部，也会在海边发生。

干旱和旱灾的区别

干旱和旱灾是两个不同的科学概念。干旱通常指淡水总量少，不能满足人的生存和经济发展的气候现象；而旱灾只是偶发性的自然灾害，甚至在通常水量丰富的地区也会因一时的气候异常而导致旱灾。

▲ 人们用干旱预警信号来表示干旱的级别。预警信号分为橙色和红色两级，橙色表示重旱，红色表示特旱

知识小笔记

塔克拉玛干沙漠是我国最干旱的地区。

212

干旱的危害

干旱会使湿润肥沃的土地变得龟纹纵横，导致农作物减产或绝产，甚至会加快土壤沙漠化的进度。久旱不雨的天气会引发各种火灾，热浪还会夺去人类的生命。防治水旱灾害已成为世界各国当前面临的严峻任务之一。

▲ 严重的干旱使地面出现了裂痕

▲ 干旱使农作物减产，土壤沙漠化

最干旱的地区

世界上有很多地区严重缺水，为了解决威胁生存的干旱问题，非洲许多地方的人甚至会花几个小时到很远的地方去背水。沙漠是降水量最少的地区，在沙漠里任何植物都很难生存，因此这里一片荒凉，被称为"生命禁区"。

▲ 非洲居民正在艰难地运水

减少干旱的发生

为了保障农业生产，人们可以采取一些措施，以减少旱灾带来的灾害。如兴修水库和打机井、利用植树造林涵养水源、节约用水、合理开发利用地下水等。

◀ 节约用水、保护水资源，是全世界共同的责任

213

泥石流和滑坡

泥石流和滑坡通常发生在山区。当泥石流发生的时候，山洪卷着大量的石块和土壤，发出轰隆隆的声音，从山顶上倾泻下来。有时泥石流还会造成山体滑坡，对附近居民的安全造成很大的威胁。

泥石流的形成条件

泥石流的形成必须同时具备以下三个条件：陡峻便于集水、集物的地形、地貌；有丰富的松散物质；短时间内有大量的水源。

note 知识小笔记

泥石流的分布地带受地形、地质和降水条件的控制。

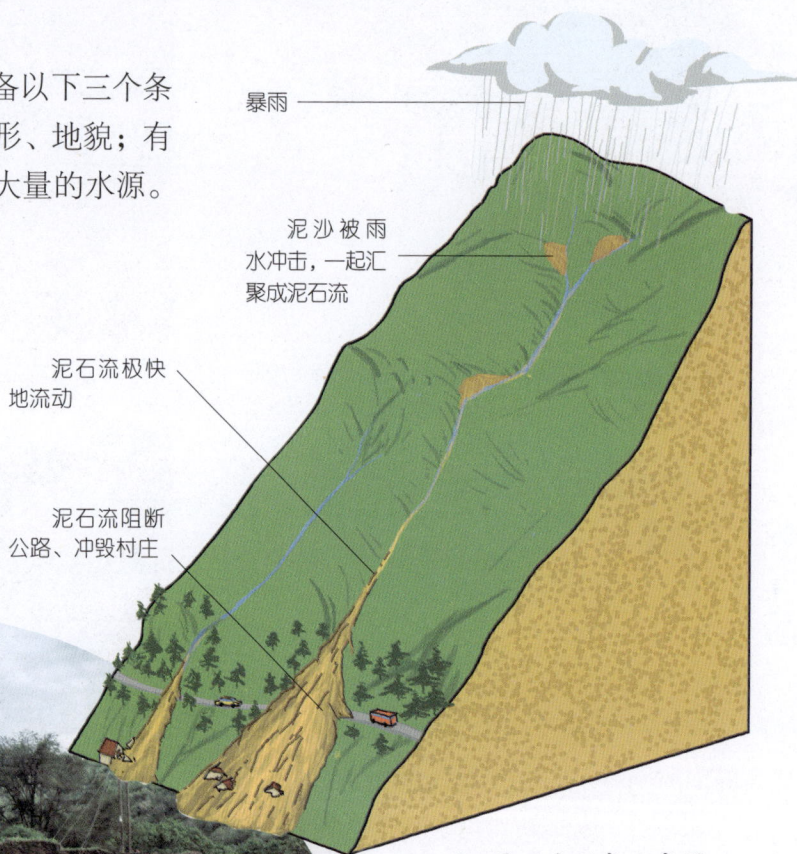

暴雨

泥沙被雨水冲击，一起汇聚成泥石流

泥石流极快地流动

泥石流阻断公路、冲毁村庄

▲ 泥石流形成示意图

松散的山坡

山坡上的土壤一般十分松散，如果这里的植被遭到破坏，这些土壤就会失去保护。当暴雨降临的时候，雨水就会冲刷土壤，把这些土壤冲走，形成泥石流。

◀ 山坡松散的土壤被雨水冲刷下来，形成泥石流

山体滑坡

　　滑坡是一种和泥石流不同的灾难性地质灾害，大多发生在那些结构不稳定的山体上。当山体失去足够的支撑力，就会在重力作用下垮塌，整块山体垮塌时会发出雷鸣般的声音，把山下的建筑和农田埋没。

▲ 失去支撑力时，山体的薄弱地带会自动断开，整体下滑

防治措施

　　植树造林可以减少泥石流的发生，因为植物可以加固土壤，稳固的土壤不容易被泥石流冲走。但是滑坡却很难避免，最好的办法就是远离那些容易发生滑坡的地方，尽量做好防范工作。

◀ 植树造林可以稳固土壤，防止水土流失